在家做星級宴客菜

陳楓洲、陳國棟、陳恆潔、陳琮錤 著

說的一口好菜，也寫了一手好菜

入行至今稍稍過了42個年頭，猶記42年前的一句話：「興趣是學習的原動力。」時至今日我的初衷依然不變，比之當初，甚至有更強烈的使命感，讓我一路走下去。

無後顧之憂最大的動力是「傳承」

傳承又分為：技藝手作的傳承、書面文字的傳承、口述文化藝術的傳承。近十年我受聘於高職、大專院校、餐飲大學的餐飲科，主要教授實務餐飲技術。穿梭於臺灣中部、北部、東部各地，使用當地食材，以當令季節的菜做出特色料理。本書特色均為六人份設計，全書共分為八個單元：主食類、肉類、豆腐類、海鮮類、菇類、蔬果類、沙拉類、點心類，是高中職以上大專院校、大學餐飲科系的專業教材，也是一般家庭主婦的必備參考書。

此次很榮幸受出版社邀約，與三位業師共同合著，本書是我與三個孩子們共同努力的成果，拍攝期間感謝出版社同仁及所有參與本書的工作夥伴，真的謝謝您們！

希望本書能讓更多喜愛美食的朋友在家能輕易習得烹飪技巧，倘若尚有不足之處，也請同業先進不吝指教，同時期盼全國師兄弟多多支持！

學到了什麼，捨棄了什麼

從一開始的新奇努力，到後面的得心應手，之後呢？之後的我們又該何去何從？

人生就像一臺不停歇的列車，就算中途偶有停靠，多數的時間列車還是奔騰著向前邁進，我就處在這種微妙的時間氛圍裡，一部分的人步履篤定，來去如風，充滿希望往自己夢想前進，一部份的人茫然失措，不知道未來在何處。

時間是令人感慨的東西，我們剛接觸一件事情時，從一開始的認真努力，到後面的得心應手，之後呢？大家費盡千辛萬苦找到的夢想，卻沒人能回答夢想實現之後要幹嘛。閱歷增長使我見識了很多事情擔心也沒用，既來之則安之，路不就是走著走著就明朗了嗎？

本書優美細緻，經由楓洲鑽研創新，用簡單的手法烹調出一道道高級美食。這些化繁為簡的手法，正是楓洲以人生歷練加以醞釀，食物的色香味、料理的酸甜苦辣盡在其中。浸淫飲食之道數十年，當知識與技術都已經達到了一層境界，如何體現一個廚師的功力，料理便成了最佳的展演。琳瑯滿目的八十道精緻佳餚，從前菜、海鮮到主食，再從沙拉、點心到蔬果，多元而富變化的料理，無一不令人食指大動。

菜餚可以反映廚師的成長軌跡，它代表著這位廚師近幾年的思維脈絡和成長創新，其結果在某種程度上會反應對事情的態度，從會做、熟練、精通到專業，在人生志業的每一個階段裡，是不是有一個清楚的認知？還是僅止步於熟練階段，就沾沾自喜，不思進取。

我很開心楓洲沒有迷惑！遇到瓶頸時，他會欣然開啟另一段旅程，日積月累，厚積薄發，曾經的努力與汗水都化為一道道精巧的菜餚，每一道菜代表著他的一段旅程；細細舒展食材，擺盤精巧細緻，最後端上桌呈現在您我眼前，道道佳餚彙集成他的一生。這是我認識的陳楓洲，永遠積極樂觀、奮鬥不懈。

驚艷地讀這本活的美食書籍，原來居家也能親手做出高級、簡單的料理，可家人共享，也可宴請賓友。相信這本書能引領讀者進入美食世界！

目錄

五彩繽紛芙蓉捲

材料

鱸魚 ...1 條
火腿 ...100g
蘆筍 ...3 支
紅甜椒 ...1 顆
雞蛋 ...3 顆
水 ...2 杯半
太白粉 ... 適量

調味料 A

鹽 ...1/4T
糖 ...1/4T
太白粉水 ...1T

調味料 B

水 ...1 杯
鹽 ...1/4T
糖 ...1/4t
香油 ...1T
太白粉水 ...1T

作法

❶ 水 2 杯半加入鹽、糖燒開，太白粉水勾薄芡（圖 1）待冷備用。
❷ 將雞蛋 3 顆打散均勻，加入薄芡（圖 2），入蒸鍋做成芙蓉備用。
❸ 鱸魚取肉切成蝴蝶片（圖 3、4），撒上太白粉備用（圖 5）。
❹ 火腿、蘆筍、紅甜椒切條狀，川燙備用（圖 6）。
❺ 取一魚片包入火腿、蘆筍、紅甜椒（圖 7），捲緊，入蒸鍋蒸熟。
❻ 將水、鹽、糖、香油燒開，加入太白粉水勾薄芡。
❼ 蒸熟後取出放於芙蓉上，最後淋上透明芡汁即可（圖 8）。

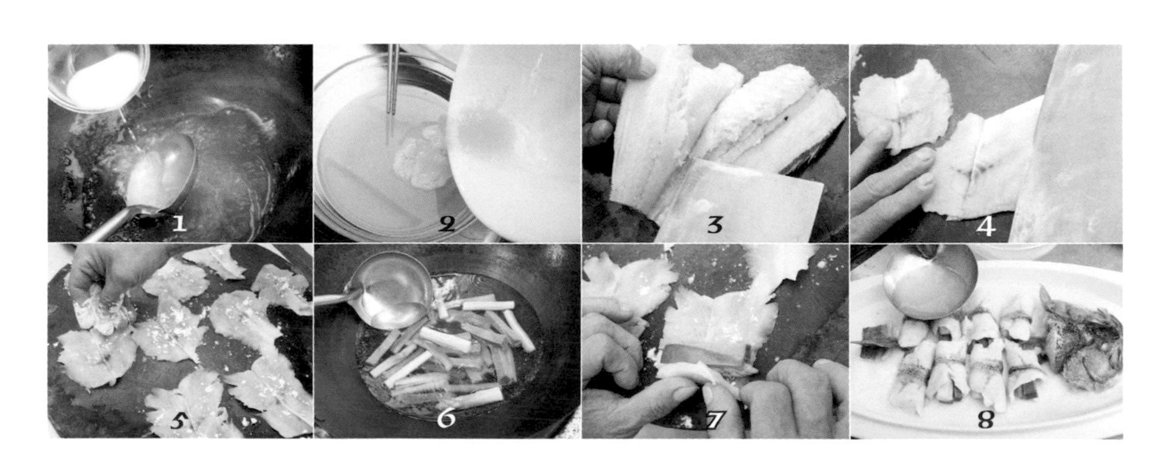

海鮮 02 水晶冬瓜鮮魚夾

材料

鯛魚片 ...1 包
冬瓜 ...400g
培根片 ...3 片
紅辣椒 ...1 支
香菜 ...60g
雞蛋白 ...1 顆

調味料 A

雞粉 ...1/4T
米酒 ...1/4T
太白粉 ...1/2T

調味料 B

鹽 ...1/2t
香油 ...1t
高湯 ...600g
太白粉 ...1t
糖 ...30g

作法

❶ 冬瓜洗淨去皮，切四方形厚片，在瓜肉中切一刀不要斷（圖 1），入水鍋川燙 2 分鐘（圖 2），取出待涼。
❷ 鯛魚、培根切片（圖 3、4）。
❸ 鯛魚片加入調味料 A 稍醃（圖 5）。
❹ 將鯛魚片及培根片鑲入冬瓜片內（圖 6），入蒸鍋大火蒸 6 分鐘取出。
❺ 起鍋，加入調味料 B 燒開勾薄芡，再加入蛋白（圖 7）。
❻ 冬瓜鮮魚取出排盤，最後淋上蛋白芡汁即可（圖 8）。

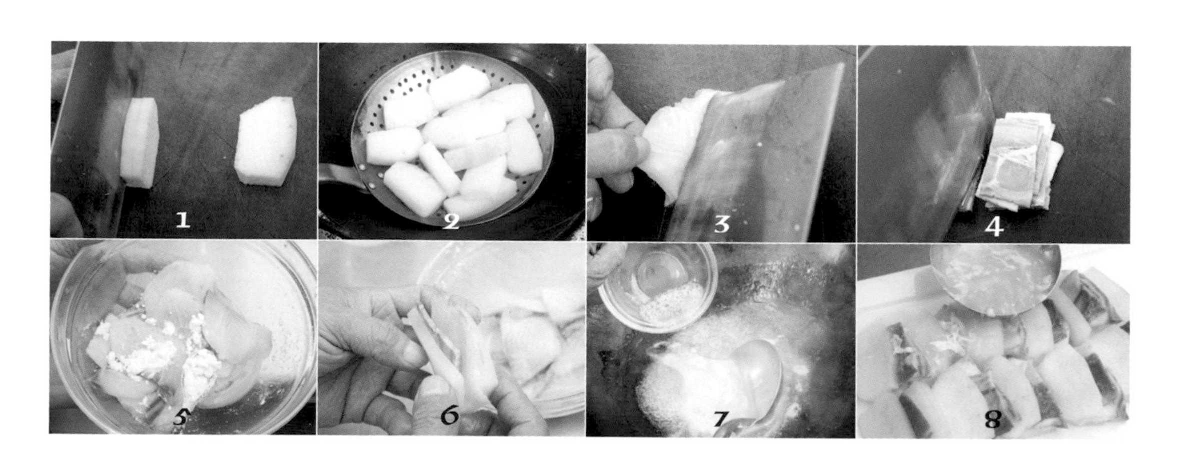

鳳梨醋溜咕咾肉

材料

里肌肉 ...300g	蔥 ...1 支
鳳梨片 ...5 片	辣椒 ...1 條
洋蔥 ...1/3 顆	薑 ... 少許
青椒 ...1/3 顆	地瓜粉 ...100g
紅黃甜椒 ... 各 1/3 顆	

調味料 A

鹽 ...1/2t
胡椒粉 ...1/2t
米酒 ...1t
糖 ...1t
香油 ...1t
太白粉 ...1T

調味料 B

白糖 ...3T
白醋 ...3T
蕃茄醬 ...3T
水 ...3T
太白粉水 ... 少許

作法

❶ 里肌肉洗淨切丁，加入調味料 A 醃製（圖 1）。

❷ 鳳梨、洋蔥、紅黃甜椒、青椒、蔥、薑切菱形丁，辣椒去籽切菱丁（圖 2）。

❸ 里肌肉醃後，再加入地瓜粉拌勻（圖 3），入油鍋炸熟撈出（圖 4、5）。

❹ 將鳳梨、洋蔥、紅黃甜椒、青椒過油撈出（圖 6）。

❺ 辛香料爆香（圖 7），加入白糖、白醋、蕃茄醬、水燒開，太白粉水勾薄芡。

❻ 最後將所有食材入鍋（圖 8），拌炒均勻，盛盤即可完成。

南瓜雞肉菌菇盅

材料

綠皮南瓜（中）...1 顆
杏鮑菇、鴻喜菇、
金茸菇 ... 各 150g
洋蔥 ... 半顆
雞胸 ...1 個
奶油 ...100g
高湯 ...1 杯

調味料 A

雞粉 ...1t
糖 ...1/2t
鹽 ...1/2t
米酒 ...1t

調味料 B

雞粉 ...1t
糖 ...1T
鹽 ...1/4t
香油 ...1T

作法

❶ 雞胸清肉切塊，加入調味料 A 醃製（圖 1）。
❷ 杏鮑菇、鴻喜菇、金茸菇洗淨，切段川燙（圖 2）。
❸ 南瓜洗淨去皮，切塊入蒸鍋（圖 3），蒸熟取出備用。
❹ 將雞胸肉燙熟撈出（圖 4）。
❺ 起鍋，將奶油燒熱，炒香洋蔥末（圖 5），加入南瓜泥、高湯，煮開後再加入調味料 B 拌勻（圖 6）。
❻ 最後將煮好的醬汁淋於菇類及雞肉上（圖 7），即可完成。

紅燒翠玉獅子頭

材料

三層豬絞肉 ...900g
大白菜 ...1 顆
香菇 ...6 朵
胡蘿蔔片 ...6 片
大蒜 ...1 支
鴿蛋 ...12 顆
甜豆 ...6 片
蔥 ...1 支

調味料 A

醬油 ...1T
雞粉 ...1t
胡椒粉 ...1t

調味料 B

醬油 ...1T
胡椒粉 ...1/2t
雞粉 ...1/2T
米酒 ...1T
烏醋 ...1T
水 ...1 杯
米酒 ...1T

作法

❶ 三層絞肉剁成細末（圖 1），香菇泡軟切塊（圖 2），甜豆切段（圖 3），蔥切末。
❷ 將絞肉加入蔥末（圖 4）、調味料 A 摔拌均勻，分成六顆，移入冰箱冷凍，使丸子形狀更堅硬（圖 5）。
❸ 大白菜一開六，燙熟後撈出（圖 6）。
❹ 將獅子頭入油鍋，炸熟後撈出（圖 7）。
❺ 大白菜加入調味料 B，小火燒煮至收汁，再入胡蘿蔔、香菇炒勻盛盤（圖 8）。
❻ 將獅子丸、胡蘿蔔、香菇、甜豆、鴿蛋入鍋拌勻盛入砂鍋（圖 9）。
❼ 最後淋上少許醬油微燒即可（圖 10）。

菇類
08
蔥烤蠔汁杏鮑菇

材料

杏鮑菇 ...400g
花椰菜 ...1 顆
紅黃甜椒 ... 各半顆
蔥 ...4 支
薑片 ...50g
辣椒 ...1 支

調味料

蠔油 ...2T
雞粉 ...1t
糖 ...1t
米酒 ...1t

作法

❶ 杏鮑菇切滾刀塊（圖 1），花椰菜切小朵（圖 2），紅黃甜椒、薑、辣椒切菱形（圖 3），蔥切段（圖 4）。

❷ 紅黃甜椒、杏鮑菇過油撈出備用（圖 5）。

❸ 辛香料爆香，加入調味料（圖 6）、杏鮑菇稍煮入味（圖 7），起鍋前再加入紅黃椒及蔥段拌炒即可（圖 8）。

❹ 盛盤，花椰菜圍邊裝飾即可。

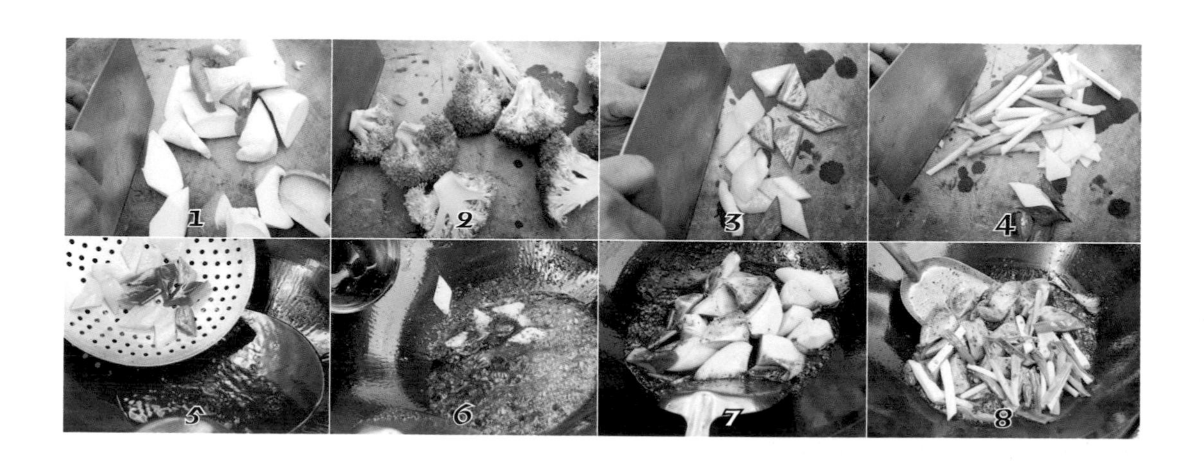

09 紅麴椰菜嫩煎排

材料

里肌肉 ...150g
胡蘿蔔球 ...10 粒
花椰菜 ...60g

調味料 A

紅糟 ...1t
雞粉 ...1/2t
太白粉 ...1t
香油 ...1t
胡椒粉 ...1/4t
沙拉油 ...1t

調味料 B

紅糟 ...1T
糖 ...1t
酒 ...1t
雞粉 ...1/2t
高湯 ...2T

作法

❶ 里肌肉切 0.5 公分，用肉搥稍拍（圖 1），加入調味料 A，稍醃入味備用（圖 2、3）。
❷ 花椰菜洗淨切小顆川燙（圖 4），胡蘿蔔球川燙備用（圖 5）。
❸ 乾鍋熱鍋，加入少許油加熱，放入肉片單面煎熟（圖 6），再反面煎成金黃色即可。
❹ 將調味料 B 調開（圖 7），入鍋燒開備用（圖 8）。
❺ 最後將肉片盛盤，花椰菜、胡蘿蔔球圍邊裝飾，醬汁畫盤即可。

海鮮
10
南國瓜泥相思蝦

材料

草蝦 ...6 尾
南瓜 ...1/4 粒
蘆筍 ...60g

調味料 A

鹽 ...1/2t
糖 ...1/2t
太白粉 ...1T

調味料 B

糖 ...1t
太白粉水 ...1t
香油 ...1t
水 ... 半杯

作法

❶ 草蝦剪去鬚腳，去殼留頭尾（圖 1），背部劃刀（圖 2、3），拉住尾部，由腹部劃刀處反串拉出（圖 4）。
❷ 將草蝦加入調味料 A，稍醃入味備用（圖 5）。
❸ 起水鍋，再將草蝦入鍋，燙熟撈出備用（圖 6）。
❹ 南瓜切片，蒸熟壓成泥，加入調味料 B，煮成醬汁。
❺ 將醬汁淋於盤底（圖 7），放上草蝦，以蘆筍作裝飾即可（圖 8）。

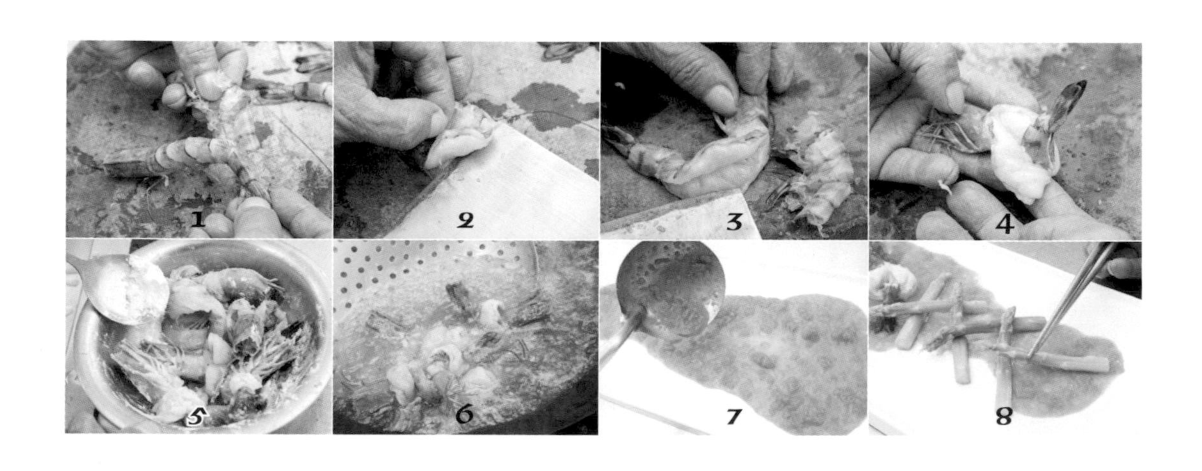

海鮮
11
韭香鮮蚵香菇塔

材料

鮑魚菇 ...6 朵
韭菜 ...50g
蒜仁 ...3 顆
鮮蚵 ...100g
豬絞肉 ...150g
太白粉 ... 適量

麵糊

低筋麵粉 ...1 杯
蛋 ...1 顆
太白粉 ...1T
水 ... 半杯
油 ...1/3 杯

調味料

鹽 ...1/2g
白胡椒粉 ...1/2t
香油 ...1t
酒 ...1t
雞粉 ...1t

作法

❶ 鮑魚菇蒂頭切除（圖 1），抹上太白粉備用（圖 2）。
❷ 鮮蚵洗淨川燙（圖 3）。
❸ 韭菜切丁、蒜和辣椒切末。
❹ 豬絞肉加入韭菜丁、蒜末及調味料拌勻成餡料（圖 4）。
❺ 將餡料鑲於鮮香菇上（圖 5），放上鮮蚵，用水抹平（圖 6）。
❻ 依序將蛋、油、水先拌，再入太白粉、低筋麵粉拌勻成麵糊（圖 7）。
❼ 香菇塔抹上麵糊備用（圖 8）。
❽ 香菇塔入油鍋，炸成金黃色，撈出濾油（圖 9），即可盛盤。

菇類 12

鮮菇蒜味椒鹽片

材料

鮮香菇 ...8 朵
蒜仁 ...3 顆
青蔥 ...1 支
辣椒 ...1 支
薑 30g

麵糊

低筋麵粉 ...1 杯
蛋 ...1 顆
太白粉 ...1T
水 ... 半杯
油 1/3 杯

調味料

A 鹽 ...1/2t
白胡椒粉 ...1/4t
香油 ...1t
B 乾粉混合粉：太白粉加地瓜粉 ... 比例 1：1
C 黑胡椒粒 ... 適量

作法

❶ 鮮香菇切片（圖 1），蔥、薑、蒜、辣椒切末備用（圖 2 ～ 4）。
❷ 依序將蛋、油、水、太白粉、低筋麵粉加入拌勻成麵糊。
❸ 香菇片加入調味 A 拌勻，再加入少許麵糊拌勻備用（圖 5）。
❹ 將作法 3 拌入調味料 B（圖 6），取出抖掉多餘的粉。
❺ 香菇片入油鍋，炸成金黃色，撈出濾乾油份（圖 7）。
❻ 辛香料入鍋炒香（圖 8），香菇片加入炒香均勻（圖 9）。
❼ 盛盤，撒上黑胡椒粒即完成。

海鮮 13

泰式涼拌海上鮮

材料

透抽（中）...1 尾	蒜末 ...1/3 杯
白秋蝦 ...12 尾	辣椒末 ...30g
蛤蠣 ...150g	檸檬 ...3 片
蘆筍貝 ... 半罐	巴西利末 ... 少許
西芹菜 ...3 支	白紫洋蔥 ... 各半顆
小蕃茄 ...20 顆	紅黃甜椒 ... 各半顆

調味料

橄欖油 ...100g	酸甜醬 ...1 杯
糖 ...80g	麻油 ...2T
鹽 ...5g	
檸檬汁 ... 半顆	

作法

❶ 紅黃甜椒、白紫洋蔥切細絲，泡水洗淨，再泡冰水冰鎮備用（圖 1）。

❷ 西芹去纖維切長段（圖 2），入水鍋燙熟後（圖 3），撈出冰鎮。

❸ 小蕃茄切片備用（圖 4）。

❹ 蒜末 1/3 杯、辣椒末與調味料拌勻。

❺ 透抽洗淨去膜，切交叉斜刀（圖 5），入水鍋燙熟後（圖 6），撈出冰鎮。

❻ 白秋蝦切斜刀（圖 7），入水鍋燙熟後（圖 8），撈出冰鎮。

❼ 蛤蠣燙熟後（圖 9），撈出冰鎮。

❽ 將所有食材加入，再加入預先調好的醬料拌勻盛盤，撒上少許巴西利末（圖 10），放上檸檬片裝飾即可。

海鮮
14
彩椒帶子杏鮑塊

材料

杏鮑菇 ...300g
紅黃甜椒 ... 各 1 顆
甜豆 ...50g
菱角仁 ...100g
蔥 ...1 支
薑 ...1 小片
帶子（生鮮干貝）...300g
青椰菜 ...60g

調味料

黑胡椒粒 ...1t
蠔油 ...2T
烏醋 ...1t
高鮮 ...1/2t
糖 ...1t
酒 ...1t
豆瓣醬 ...1t

作法

❶ 杏鮑菇切滾刀塊（圖 1），紅黃甜椒切菱形（圖 2），甜豆切斜刀備用。
❷ 杏鮑菇、菱角仁入水鍋川燙（圖 3）。
❸ 帶子入水鍋川燙泡熟（圖 4）。
❹ 紅黃甜椒過油燙熟撈出（圖 5）。
❺ 蔥切段、薑切片，入鍋爆香，加入調味料煮開（圖 6），續入杏鮑菇、菱角仁（圖 7）、紅黃甜椒、甜豆及帶子，煮至入味收汁即可。
❻ 盛盤，花椰菜燙熟圍邊即可。

肉類 - 雞肉

15 海帶彩椒嫩雞絲

材料

海帶絲 ...100g
雞胸清肉 ...1 個
紅黃甜椒 ... 各 1/2 個
甜豆 ...60g
紫洋蔥 ...1/2 個
辣椒 ...1 條
薑絲 ...50g
蔥 ...1 支

調味料 A

白糖 ...1t
鹽 ...1/2t
胡椒粉 ...1/2t
香油 ...1t
米酒 ...1t
太白粉 ...1T

調味料 B

白糖 ...1t
鹽 ...1/2t
米酒 ...1t
水 ...60g
白醋 ...1t
香油 ...1t
太白粉水 ...1T

作法

❶ 雞胸清肉、紅黃甜椒、紫洋蔥、甜豆、薑切細絲（圖 1 ～圖 3），海帶絲切段備用（圖 4）。
❷ 雞絲加入調味料 A 拌勻（圖 5）。
❸ 將作法 1 之材料入水鍋，川燙後撈出（圖 6）。
❹ 辛香料爆香（圖 7），加入調味料 B，再加入所有材料拌勻（圖 8），起鍋前加入香油即可。

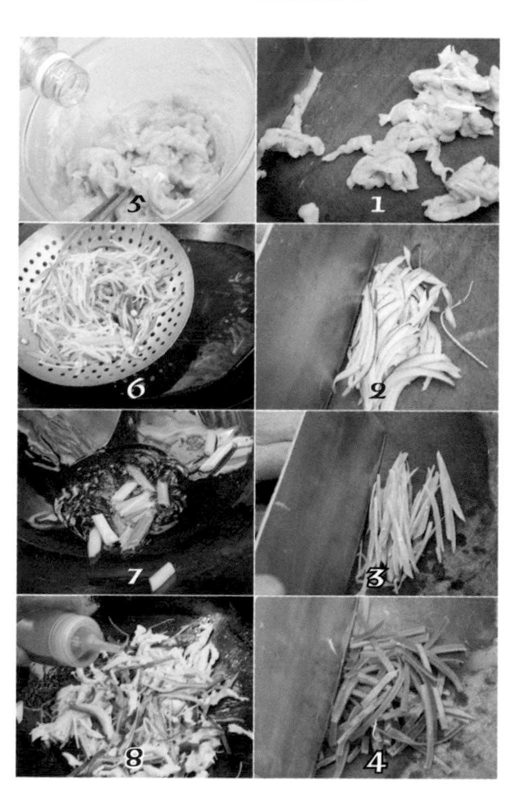

肉類 - 豬肉

16

蘭陽御品西魯肉

材料

大白菜 ...600g
胡蘿蔔絲 ...20g
香菇絲 ...10g
荸薺絲 ...20g
開陽 ...10g
金茸絲 ...100g
魚皮 ...150g
豬肉絲 ...150g
雞蛋 ...2 顆
油蔥酥 ...5g
蔥 ...1 支
香菜 ... 少許

調味料

A 高鮮味精 ...1t
鹽 ...1t
胡椒粉 ...1t
糖 ...1t
烏醋 ...1t
香油 ...1t

B 胡椒粉 ...1t
雞粉 ...1t
米酒 ...1T
香油 ...1T

C 高湯 ...4 杯
醬油 (蠔油)...2T
烏醋 ...1T
胡椒粉 ...1t
香油 ...1t
糖 ...1/2t
雞粉 ...1/2t

作法

❶ 大白菜切大塊 (圖 1) ，入水鍋川燙 (圖 2) 。
❷ 胡蘿蔔絲、荸薺絲入水鍋川燙 (圖 3) 。
❸ 魚皮切長段，入水鍋川燙 (圖 4) 。
❹ 作法 1、2 加入調味料 A，稍煮撈出做底 (圖 5) 。
❺ 雞蛋液打散，入油鍋炸成蛋酥 (圖 6) ，撈出備用。
❻ 豬肉切絲，加入少許調味料 B 拌勻 (圖 7) ，入水鍋燙熟撈出 (圖 8) 。
❼ 香菇絲、魚皮、肉絲、金茸絲、開陽及油蔥酥加入高湯及調味料 C 煮開 (圖 9) 。
❽ 盛盤，撒上蛋酥、蔥花及香菜即可完成。

肉類 - 豬肉
17
芋香里肌芒果燒

材料

里肌肉 ...300g
芋頭 ...100g
芒果 ...1 顆
黑、白芝麻 ... 少許
薑末 ... 少許

調味料 A

胡椒粉 ...1/2t
糖 ...1t
太白粉 ...1t
香油 ...1t

調味料 B

糖 ...1T
鹽 ...1/2t

作法

❶ 里肌肉切片，加入調味料 A，拌均勻備用（圖 1）。
❷ 芋頭切條狀，入油鍋炸熟撈出備用（圖 2）。
❸ 里肌肉包入芋頭條，捲緊備用（圖 3）。
❹ 里肌肉捲沾地瓜粉（圖 4），入油鍋炸成金黃色撈出（圖 5）。
❺ 芒果去皮，一半切條狀（圖 6），另一半打成汁（圖 7），備用。
❻ 乾鍋炒香黑、白芝麻（圖 8），再加入芒果條、芒果汁、里肌肉條、調味料 B 燒煮即可（圖 9）。

海鮮
18
彩椒鍋巴蝦仁盤

材料

草蝦仁 ...200g	薑 ...30g
紅黃甜椒 ... 半顆	高湯 ...120 cc
香菇 ...6 朵	蘆筍 ...100g
蔥 ...1 支	鍋巴 ...6 片

調味料 A

胡椒粉 ...1t
雞粉 ...1t
太白粉 ... 少許

調味料 B

雞粉 ...1t
鹽 ...1/2t
酒 ...1t
高湯 ...120cc

作法

❶ 蝦仁背部劃刀，加入調味料 A 拌勻（圖 1）。
❷ 香菇泡軟切片（圖 2），蘆筍去纖維切段（圖 3）。
❸ 鍋巴壓小塊，入油鍋炸熟撈出（圖 4）。
❹ 紅黃甜椒、香菇、蘆筍過油，燙熟撈出（圖 5）。
❺ 蝦仁入水鍋，燙熟撈出（圖 6）。
❻ 辛香料爆香，加入調味 B，再加入所有食材（圖 7），稍煮勾薄芡即可。

海鮮 19 脆酥鮮蝦三明治

材料

白秋蝦 ...6 尾
蕃茄 ...1 顆
小黃瓜 ...1 條
起司片 ...3 片
沙拉醬 ...1 包
吐司 ...9 片

麵糊

低筋麵粉 ...1 杯
玉米粉 ... 半杯
蛋黃粉 ...1/4 杯
水 ...1 杯
雞蛋 ...1 顆
沙拉油 ...1/3 杯

作法

❶ 白秋蝦去殼燙熟（圖 1），背部劃刀（圖 2）。

❷ 蕃茄切 6 片（圖 3），小黃瓜切長片（圖 4）。

❸ 取一片吐司抹上沙拉醬，放上蕃茄片、小黃瓜片，再擠上沙拉醬（圖 5）。

❹ 蓋上一片吐司（圖 6），放上起司片、熟蝦仁、沙拉醬，再蓋上一片吐司（圖 7）。

❺ 將麵糊材料攪拌均勻備用（圖 8）。

❻ 鮮蝦三明治沾上麵糊（圖 9）；起油鍋，燒至 120 度，入油鍋炸至成金黃色，即可起鍋濾乾油份（圖 10）。

❼ 最後對切成三角形，即可擺盤。

肉類 - 豬肉
20
脆酥臘肝茄餅

材料

臘肝 ...100g
茄子 ...2 條
大蒜 ...3 支
四季豆 ...5 支
太白粉 ... 適量

麵糊

脆酥粉 ...1 杯
太白粉 ...1T
油 ...1/4 杯
蛋 ...1 顆

調味料

辣豆瓣 ...1T
蕃茄醬 ...2T
糖 ...1T
水 ...1/3 杯

作法

❶ 茄子洗淨，切一刀斷一刀不斷之開口笑（圖 1），泡入水中。

❷ 臘肝切長片（圖 2），四季豆切斜段（圖 3）。

❸ 取一茄片擦乾水分，抹上一層太白粉（圖 4），將臘肝、四季豆、大蒜一一鑲入（圖 5、6）。

❹ 麵糊的材料拌勻，臘肝茄餅沾上，入油鍋炸成金黃色，撈出濾乾油份（圖 7）。

❺ 調味料調勻劃盤，放上臘肝茄餅即可。

蔬果
21
芝麻養生沙拉盤

材料

紫洋蔥 ...2 片	蘆筍 ...1 支
洋蔥 ...1/4 顆	小黃瓜 ...2 片
美生菜 ...4 片	廣東 A 菜 ...1 葉
玉米筍 ...3 支	紅甜椒 ...50g
苜蓿芽 ...1 盒	黃甜椒 ...50g

調味料

麻醬 ...80g
糖漿 ...30g
醬油膏 ...30g
白醋 ...30g
香油 ...30g

作法

❶ 紅黃甜椒切絲（圖 1、2），泡水洗淨再泡冰水。

❷ 生鮮蘆筍去纖維切斜段（圖 3），玉米筍切斜段（圖 4）。

❸ 白、紫洋蔥、美生菜切細絲，泡水洗淨再泡冰水（圖 5）。

❹ 蘆筍、玉米筍入水鍋燙熟（圖 6），撈出泡冰水。

❺ 調味料調成醬汁（圖 7）。

❻ 將所有食材依序擺盤，醬汁淋上即可。

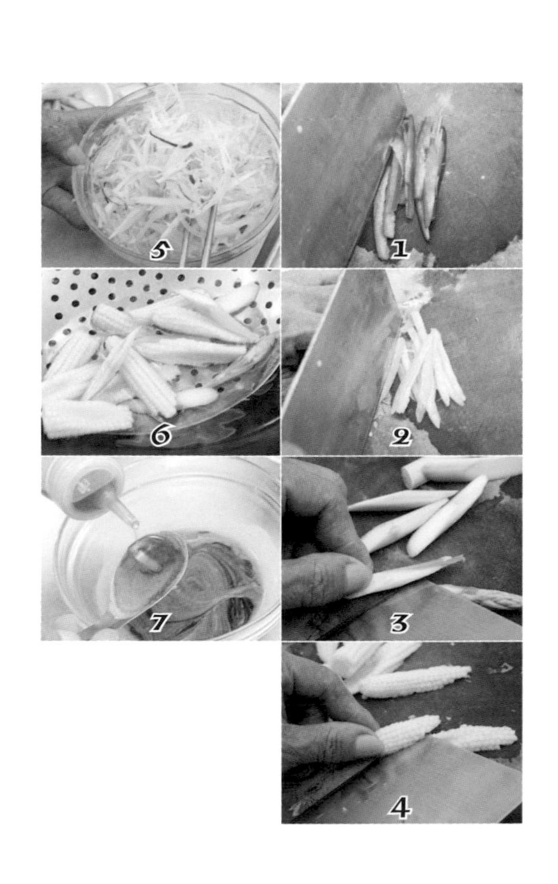

點心 22

酒釀桂花珍珠露

材料

白米飯 ...600g　雞蛋 ...2 顆
蜜紅豆 ...100g　酒釀 ...100g
桂花醬 ...50g　太白粉 ...100g
冰糖 ...150g

作法

❶ 白米飯煮熟待涼後，加入太白粉拌均備用（圖 1）。

❷ 備一鍋水煮開，加入沾粉白飯，燙熟撈出，泡入冰水中（圖 2）。

❸ 另備一水鍋，待水滾加入冰糖、桂花醬、酒釀（圖 3、4）。

❹ 水滾後，加入蛋液、蜜紅豆（圖 5、6），再加入太白粉水勾芡（圖 7），盛盤，放入白飯即可（圖 8）。

點心 23 桂花珍珠豆沙卷

材料

桂花醬 ...1T
白米 ...2 杯
桂圓 ...100g
紅豆餡 ...200g
手工腐皮 ...2 張
花生粉 ...80g
水 ... 半杯

調味料

冰糖 ...200g
鹽 ...1/4t

作法

❶ 起鍋入水半杯，續加入桂圓肉及調味料煮開（圖 1、2），再加入桂花醬煮開（圖 3）。

❷ 白米煮熟成白飯取出，加入桂圓醬汁拌均勻備用（圖 4）。

❸ 手工腐皮一開二，將米飯鋪上（圖5），再放上紅豆餡捲緊（圖6）。

❹ 鍋中加少許油，將豆沙捲雙面煎熟成金黃色（圖 7）。

❺ 取出切塊（圖 8），盛盤，撒上花生粉即可。

彩虹山藥嫩雞片

材料

白、紫山藥 ...100g
紅黃甜椒 ... 各半顆
青椒 ... 半顆
胡蘿蔔 ...1/4 條
雞胸肉 ...1 個
蔥 ... 少許
蒜 ... 少許
辣椒 ...1 支

調味料 A

糖 ...1t
胡椒粉 ...1/2t
鹽 ...1/4t
太白粉 ...1t
米酒 ...1t

調味料 B

糖 ...1t
胡椒粉 ...1/4t
鹽 ...1/4t
雞粉 ...1t
太白粉水 ...1t
米酒 ...1t
香油 ...1t

作法

❶ 白、紫山藥、紅黃甜椒、青椒、胡蘿蔔、辣椒切菱形片（圖 1、2），蔥切菱形段，蒜、雞胸肉切片（圖 3）。
❷ 白、紫山藥、紅黃甜椒、青椒、胡蘿蔔燙熟後撈出（圖 4、5）。
❸ 雞胸肉片醃入調味 A 後，入滾水中燙熟撈出（圖 6）。
❹ 起油鍋，入辛香料爆香（圖 7），加入調味 B（圖 8），燒開勾薄芡。
❺ 調味料燒開後，所有材料下鍋拌炒均勻即可（圖 9）。

肉類 - 豬肉 25

黑白雙耳西芹肉

材料

黑白木耳各 ...60g
胡蘿蔔 ...1/4 條
紫洋蔥 ... 半顆
魚板 ...1/2 條
西芹 ...3 支
里肌肉 ...200g
蔥、薑、蒜、
辣椒 ... 各少許

調味料 A

糖 ...1/2t
胡椒粉 ...1/4t
鹽 ...1/2t
太白粉 ...1t
米酒 ...1t

調味料 B

白醋 ...2t
糖 ...1t
胡椒粉 1/2t
鹽 ...1/2t
雞粉 ...1t
太白粉水 ...1t
米酒 ...1t
香油 ...1t

作法

❶ 黑、白木耳發泡後切片（圖 1、2）。

❷ 紫洋蔥、胡蘿蔔、紅辣椒切菱形片，西芹、蔥切菱形段（圖 3），魚板、蒜、里肌肉切片（圖 4、5）。

❸ 里肌肉切片後，醃入調味料 A，燙熟撈出。

❹ 黑、白木耳川燙（圖 6、7），水滾後加入魚板、西芹、紫洋蔥（圖 8），川燙取出。

❺ 辛香料爆香，加入調味料 B，燒開勾薄芡後，加入其餘材料拌勻即可（圖 9）。

海鮮 26

彩椒溜松鼠鮮魚

材料

鮮鱸魚 ...1 尾
紅黃甜椒 ...1 顆
洋蔥 ...1/2 顆
青椒 ...1/2 顆
蔥、薑 ... 少許
太白粉水 ...1T

調味料 A

鹽 ...1t
胡椒粉 ...1/2t
酒 ... 少許

調味料 B

地瓜粉、太白粉 ... 各半杯

調味料 C

糖、白醋、蕃茄醬、水 ... 各半杯

作法

❶ 紅黃甜椒、青椒、洋蔥、薑切小菱丁，蔥切菱形段，備用。
❷ 鮮鱸魚洗淨，切斷魚頭，去鱗、腸泥、內臟、魚骨（圖 1），魚肉切交叉斜刀（圖 2）。
❸ 將魚肉醃入調味料 A 拌勻（圖 3），再加入調味料 B 抹勻（圖 4）。
❹ 起油鍋待滾，入魚炸成金黃色撈出（圖 5），紅黃甜椒、青椒、洋蔥過油（圖 6），備用。
❺ 將調味料 C 拌勻成醬汁，備用。
❻ 辛香料爆香，加入醬汁燒開（圖 7），再加入太白粉水勾薄芡拌勻。
❼ 醬汁淋上魚身（圖 8），放上紅黃甜椒、青椒、洋蔥，即可完成。

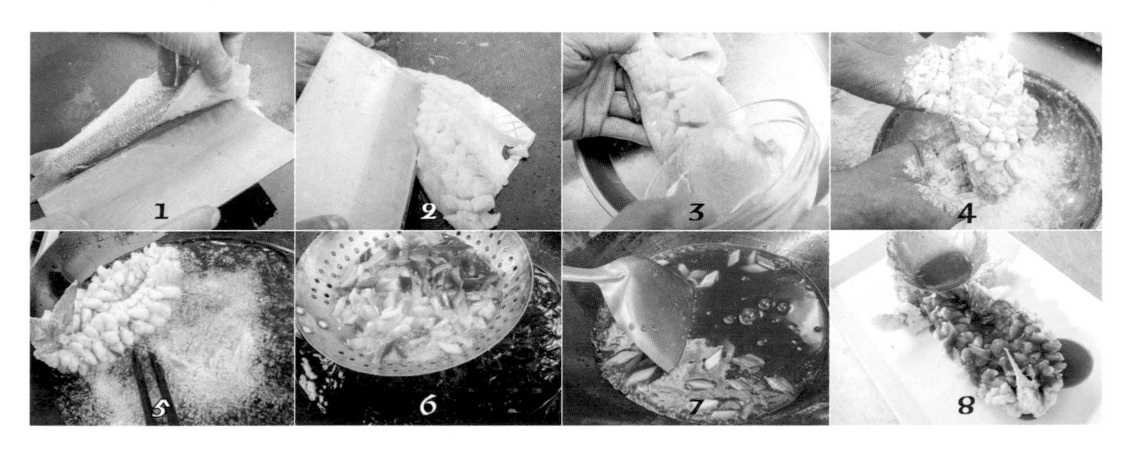

海鮮

27 鍋燒蒜酥蒜蓉蝦

材料

草蝦 ...1 盒
蒜蓉 ... 少許
薑末 ...20g
辣椒末 ...20g
蔥末 ...20g
豆腐 ...1 盒
太白粉水 ...1T

調味料

蠔油 ...2t
烏醋 ...1t
酒 ...1t
香油 ...1t
高鮮 ...1/2t
糖 ...1t
黑胡椒粗粒 ... 適量

作法

❶ 草蝦洗淨剪掉鬚角，由頭部劃刀（圖 1），留尾部不斷。

❷ 盒裝豆腐切片，撒上黑胡椒粒（圖 2），放上草蝦（圖 3）。

❸ 蒜蓉先入鍋炒酥（圖 4），再入其餘辛香料爆香，加入調味料燒開（圖 5），再加入太白粉水勾薄芡成醬汁（圖 6）。

❹ 醬汁淋上草蝦（圖 7），移入蒸鍋大火蒸 6 分鐘取出，撒上蔥絲即可。

蔬果 28

焗烤杏菇蕃茄盞

材料

蕃茄 ...6 顆
杏鮑菇 ...3 條
蒜頭 ...4 顆
生雞蛋黃 ...2 顆
起司絲 ...300g
鮮奶 ...150cc

調味料

雞粉 ...1t
鹽 ...1/2t
糖 ...1/2t

作法

❶ 蕃茄洗淨，蒂頭切掉，中心挖空備用（圖 1、2）。
❷ 杏鮑菇切小塊川燙（圖 3、4）。
❸ 蒜頭切末，炒香杏鮑菇、蕃茄丁（圖 5）。
❹ 續入調味料、鮮奶、蛋黃拌勻（圖 6、7）。
❺ 將作法 4 填入蕃茄盞內，撒上起司絲（圖 8），用噴槍噴至表面呈金黃色即可（圖 9）（也可移入烤箱上下火約 150 度，烤約 15 ~ 20 分鐘）。

海鮮 29

翠綠沙拉鮮蝦盞

材料

草蝦 ...6 尾
美生菜 ...6 葉
吐司 ...3 片
花枝漿 ...200g
柴魚絲 ...60g
沙拉醬 ...1 包
鮮蘭花 ...1 朵

麵糊

中筋麵粉、玉米粉、蛋黃粉 ... 比例 3：2：1
沙拉油 ... 半杯
水 ... 半杯

調味料

胡椒粉 ...1/4t
米酒 ...1T
鹽 ...1/4t

作法

❶ 草蝦洗淨，去頭殼，背部劃開(圖1、2)，撒上胡椒鹽(圖3)。
❷ 花枝漿加入少許調味料(圖4)。
❸ 吐司切掉邊角成2片(圖5)，撒上太白粉(圖6)，放上草蝦(圖7)，鮮蝦抹上花枝漿(圖8)，裹少許麵糊。
❹ 入油鍋約120度，炸成金黃色(圖9)，取出濾乾油份。
❺ 美生菜擦乾水分，擺在鮮蝦盞上，再擠上沙拉醬、柴魚絲，也可撒上少許巴西利末，最後以鮮蘭花裝飾即可。

海鮮 30 莎莎芒果鮮雕片

材料

鯛魚片 ...200g
香菜 ... 少許
紅辣椒 ...1 條
芒果莎莎醬 ... 少許
香菜 ... 少許

調味料 A

鹽 ...1/2t
太白粉 ...1t
米酒 ...1t
白胡椒粉 ... 少許
香油 ...1t

調味料 B

莎莎醬：
芒果 ...1 顆
檸檬汁 ...1T

作法

❶ 鯛魚片洗淨，切寬 5cm、厚 1cm 約 8 片備用（圖 1）。
❷ 鯛魚片加入調味料 A 拌勻（圖 2、3）。
❸ 鯛魚片入水鍋燙熟撈出（圖 4）。
❹ 芒果洗淨去皮、切小塊，放入調味用果汁機攪碎，再加入檸檬汁拌勻成莎莎醬（圖 5）。
❺ 莎莎醬畫盤，鯛魚片擺上，再用香菜、辣椒絲點綴即可。

點心 31 口齒留香酥棗餅

材料

豬板油 ...400g
麵粉 ...400g
鴨蛋 ...6 個
冬瓜糖 ...300g
金棗糕 ...150g
白芝麻 ...2T
油蔥酥 ...3T
半圓形腐衣 ...1 張

作法

❶ 板油、冬瓜糖、金棗糕切小丁（圖 1 ～ 3），油蔥酥切碎（圖 4）。

❷ 取一鋼盆，將蛋液打散（圖 5），加入板油、冬瓜糖、金棗、麵粉、油蔥酥及白芝麻拌勻（圖 6）。

❸ 取一張半圓形腐衣，將食材鋪滿（圖 7），腐衣對摺（圖 8），牙籤搓洞孔透氣（圖 9）。

❹ 棗餅入蒸鍋，中火蒸 25 分鐘（圖 10），取出放涼，切塊擺盤即可。

肉類 - 雞肉
32
黃金香橙風味雞

調味料 A

白醋 ...1t
糖 ...1T
鹽 ...1t
香油 ...1t
酒 ...1t
太白粉 ...1t

調味料 B

糖 ...1T
鹽 ...1t
白醋 ...1t

調味料 C

香油 ...1t
太白粉水 ...1T

材料

雞胸清肉 ...1 個
西芹 ...3 支
紅黃甜椒 ... 各半顆
辣椒 ...1 支
蔥 ...1 支
柳橙 ...2 顆

作法

❶ 西芹、紅、黃甜椒切長5cm、寬0.8cm條狀，蔥切長段。
❷ 柳橙一顆切丁（圖 1），一顆壓汁，備用。
❸ 雞胸切長5cm、寬0.8cm條狀（圖2），加入調味料A醃製拌勻備用（圖3）。
❹ 紅黃甜椒、西芹燙熟撈出，放入冰水冰鎮備用（圖 4）。
❺ 雞胸肉入水鍋，燙熟撈出（圖 5）。
❻ 柳橙汁加入調味料 B 拌勻（圖 6）。
❼ 起鍋，將蔥、辣椒爆香後撈除，加入柳橙丁及柳橙汁燒開（圖 7），續入太白粉水勾薄芡（圖 8），再加入香油（圖 9），最後將其餘材料加入拌勻即可。

肉類 - 豬肉

33 南泥燴豆腐肉丸

材料	調味料 A	調味料 B	調味料 C
豬絞肉 ...200g	鹽 ...1/2t	鹽 ...1t	太白粉水 ...2t
荸薺 ...8 顆	雞粉 ...1t	糖 ...1t	
豆腐 ...1 盒	米酒 ...1t	香油 ...1t	
香菇末 ...50g	胡椒粉 ...1/2t	水 ...1 杯	
薑末 ...30g	香油 ...1t		
胡蘿蔔末 ...30g	太白粉 ...1t		
香菜末 ...20g			
南瓜泥 ...100g			
綠花椰菜 ...1 顆			
紅黃甜椒 ...1/4 顆			

作法

❶ 豆腐切碎壓成泥（圖 1），吸乾水分備用。

❷ 荸荠剁末（圖 2），壓乾水分備用。

❸ 香菇泡軟切細末（圖 3），絞肉剁細備用（圖 4）。

❹ 豬絞肉、豆腐泥、胡蘿蔔末、香菜末、香菇末、荸薺末 薑末加入調味料 A 拌勻（圖 5、6）。

❺ 將餡料捏成丸狀（圖 7），入蒸鍋大火蒸 8 分鐘取出備用。

❻ 南瓜泥加入調味料 B 燒開（圖 8），再加入太白粉水勾薄芡即可。

❼ 花椰菜、紅黃甜椒川燙圍邊，南瓜泥淋底，豆腐丸擺上即可。

海鮮
34
翡翠白玉鮭魚捲

材料

波菜 ...100g
芙蓉豆腐 ...1 盒
鮭魚肉 ...150g
絞肉 ...150g
荸薺 ...8 顆
蔥 ...2 支
玻璃紙 ...6 張
雞蛋白 ...1 顆
枯杞 ...30g
香菜 ...30g
秋葵 ...6 支

調味料 A

高鮮 ...1t
鹽 ...1t
胡椒粉 ...1t
太白粉 ...2t
香油 ...1t

調味料 B

高鮮 ...1t
鹽 ...1/2t
太白粉水 ...2t
水 ...1 杯

作法

❶ 玻璃紙一開 16，取一張，依序放上枸杞、香菜、鮭魚片、芙蓉豆腐（圖 1 ～ 3）。
❷ 絞肉加入蛋白、荸薺末、蔥末及調味料 A，拌勻做成餡，擠成丸狀放上（圖 4）。
❸ 玻璃紙捲緊（圖 5），移入蒸鍋，大火蒸 8 分鐘即可。
❹ 波菜用鹽巴稍醃軟化，洗去鹽份、剁細末，加入調味料 B 燒開成翡翠汁（圖 6）。
❺ 取出鮭魚捲擺盤，淋上翡翠汁（圖 7），秋葵燙熟圍邊即可。

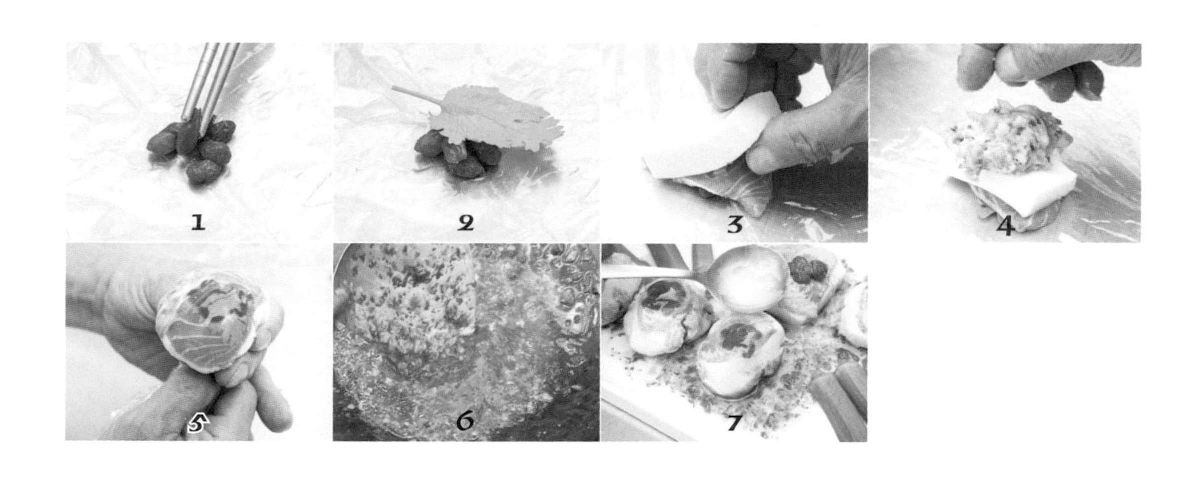

蔬果彩椒拌雞絲

調味料 A

胡椒粉 ...1/4t
鹽 ...1/4t
米酒 ...1T
香油 ...1T

調味料 B

鹽 ...1t
糖 ...1t
白醋 ...1t
香油 ...1t
酒 ... 少許

材料

紅黃甜椒 ... 各 1 個
黑木耳 ...4 朵
洋菜 ...20g
海帶絲 ...150g
薑絲 ...20g
紅辣椒絲 ...20g
雞胸肉 ...1 個
小黃瓜 ...100g
白木耳 ...3g

作法

❶ 洋菜切 5cm 段（圖 1），泡入冷開水。
❷ 薑、紅黃甜椒、胡蘿蔔、小黃瓜切絲，黑木耳泡軟切絲，海帶絲、白木耳切段，備用。
❸ 雞胸肉切絲，加入調味料 A 拌均（圖 2）。
❹ 紅黃甜椒、黑木耳、海帶絲、胡蘿蔔、小黃瓜、白木耳川燙後（圖 3 ～ 5），泡入冷開水備用。
❺ 雞胸肉入水鍋，燙熟後撈出（圖 6）。
❻ 調味料 B 拌勻成醬汁（圖 7）。
❼ 將作法 4 之食材撈起，加入辣椒絲及醬汁拌勻即可盛盤（圖 8）。

海鮮
36
腐乳醬燒炒花枝

材料

花枝 ...1 尾
杏鮑菇 ...150g
紅黃甜椒 ... 半顆
青椒 ... 半顆
薑末 ...30g
辣椒 ...1 支

調味料

豆腐乳 ...1 塊
雞粉 ...1t
糖 ...1t
米酒 ...1t
太白粉 ...1t
香油 ...1t
水 ... 半杯

作法

❶ 杏鮑菇切長條狀 (圖 1) ，紅黃甜椒、青椒切菱形片，花枝切交叉十字刀備用 (圖 2) 。
❷ 杏鮑菇、紅黃甜椒、青椒、花枝燙熟後撈出 (圖 3 ～ 5) 。
❸ 將調味料拌勻備用 (圖 6) 。
❹ 起油鍋，放入辛香料爆香 (圖 7) ，續入作法 3 燒開 (圖 8) ，最後加入其餘材料炒勻，即可盛盤。

菇類 37

蟹黃椰菜白靈菇

材料

胡蘿蔔 ...1/2 條
鹹蛋黃 ...6 顆
青椰菜 ...1 顆
白靈菇 ...100g
柳松菇 ...100g
薑末 ...30g
水 ...1 杯
太白粉水 ...1T

調味料

糖 ...1t
鹽 ...1/2t
雞粉 ...1t

作法

❶ 胡蘿蔔削成末（圖 1），白靈菇、柳松菇切段（圖 2、3）。
❷ 鹹蛋黃蒸熟（或烤熟），切細末備用（圖 4）。
❸ 青椰菜、白靈菇、柳松菇燙熟後撈出（圖 5）。
❹ 起油鍋，薑末爆香後（圖 6），加入鹹蛋黃炒香，再入胡蘿蔔末及調味料拌炒入味（圖 7）。
❺ 最後加入水 1 杯，再入雙菇及太白粉水（圖 8），小火燒至收汁即可。

紅燒肉醬五彩菇

材料

草菇 ...100g
鮮香菇 ...6 朵
松茸菇 ...6 顆
杏鮑菇 ...3 朵
柳松菇 ...100g
豬絞肉 ...100g
青蔥 ...1 支
辣椒 ...1 支
薑 ...30g
蒜仁 ...3 顆
青花菜 ...8 顆
豆腐 ...1 盒
辣肉醬 ... 半罐

調味料

蠔油 ...1T
糖 ...1t
酒 ...1t
烏醋 ...1/2t
白胡椒 ...1/2t
豆瓣醬 ...1t
雞粉 ...1t
香油 ...1t
太白粉水 ...1T
水 ...1 杯

作法

❶ 菇類切丁（圖 1 ～ 3），豆腐切丁後泡入熱水（圖 4、5）。

❷ 將辣肉醬及調味料拌勻（圖 6）。

❸ 辛香料爆香後撈除，加入絞肉炒熟（圖 7），續入作法 2 燒開後，再入所有材料，小火燒至收汁即可（圖 8）。

❹ 青花菜川燙熟後擺盤，成品放上即可。

芋茸鳳腿甜汁味

材料

大雞腿 ...2 隻
芋頭 ...400g
白、紫洋蔥 ...100g
彩椒 ...50g
和風醬 ... 少許
太白粉 ...30g

調味料 A

胡椒粉 ...5g
糖 ...30g
醬油 ...30g
酒 ...50g
香油 ...30g

調味料 A

雞蛋 ...1 顆
糖 ...100g
沙拉油 ...50g

作法

❶ 芋頭切片蒸軟（圖 1），雞腿去骨劃交叉刀（圖 2）。

❷ 白、紫洋蔥、彩椒切絲，冰鎮後濾乾備用（圖 3）。

❸ 雞腿醃入調味料 A 後（圖 4），撒上太白粉（圖 5）。

❹ 芋頭加入調味料 B 拌勻（圖 6），做成芋餡備用。

❺ 將芋頭餡鋪於雞腿上抹平（圖 7），均勻沾上太白粉（圖 8），入油鍋炸成金黃色撈出（圖 9）。

❻ 盛盤，將白、紫洋蔥絲及彩椒絲放上，附上和風醬即可。

蟹黃珍珠杏鮑菇

材料

白米 ...300g
胡蘿蔔 ...200g
杏鮑菇 ...450g
鹹蛋黃 ...2 顆
蔥 ...3 支
薑 ...50g
脆酥粉 ...150g
火腿末 ...30g
水 ...2 杯
太白粉水 ...1T

調味料 A

糖 ...1t
雞粉 ...1t
胡椒粉 ...1/2t

調味料 B

糖 ...1t
雞粉 ...1t
高鮮 ...1/2t
胡椒粉 ...1/2t
香油 ...1t

作法

❶ 火腿、薑切末（圖 1），鹹蛋黃剁成細末，胡蘿蔔削成末，蔥切蔥花備用（圖 2）。
❷ 白米煮成白飯後，沾脆酥粉（圖 3），入油鍋炸成金黃色撈出（圖 4）。
❸ 杏鮑菇切片後（圖 5），入水鍋川燙熟後撈出（圖 6）。
❹ 杏鮑菇片加入調味料 A 及水 1 杯小火燒至收乾（圖 7），備用。
❺ 薑末爆香，加入胡蘿蔔及鹹蛋黃稍炒，續加入水 1 杯及調味料 B 燒開，太白粉水勾薄芡即可（圖 8）。
❻ 將作法 2、4 盛盤，淋上作法 5 於杏鮑菇，再撒上火腿末、蔥末即可。

點心 41

椰香珍珠果蝦卷

材料

白米飯 ...2 斤
香蕉 ...4 條
白秋蝦 ...12 尾
燒海苔 ...6 張
蘆筍（大）...6 支
椰子粉 ...100g
巴西利 ... 少許
鮮蘭花 ...1 支
壽司竹排 ...1 個

拌醬

桂花醬 ...30g
桂圓肉 ...100g
冰糖 ...100g
水 ... 半杯

作法

❶ 桂圓肉切小塊（圖 1）；香蕉洗淨去皮，切成燒海苔長度（圖 2）。
❷ 蘆筍燙熟；白秋蝦去殼後煮熟（圖 3），用礦泉水洗淨備用。
❸ 起鍋，入水、冰糖煮開（圖 4），加入桂圓肉及桂花醬再次煮開即可（圖 5）。
❹ 白飯煮熟，加入桂圓汁拌勻（圖 6）。
❺ 取一張燒海苔鋪上桂圓米飯稍壓平後，再擺上香蕉、蘆筍、蝦子，將燒海苔慢慢捲緊（圖 7），封口用米飯黏住。
❻ 將壽司切片放於壽司竹排上，灑上椰子粉，鮮蘭花裝飾即可。

蟹黃珍珠花繡球

材料

白飯 ...1 碗
豆包 ...2 片
馬玲薯 ...2 顆
荸薺 ...100g
玉米粒 ... 半杯
素火腿 ...80g
香菇 ...5 朵
胡蘿蔔 ...1 條
雞蛋 1 顆
蟹黃 ... 適量

※ 蟹黃製作請參照第 83 頁【蟹黃珍珠杏鮑菇】的作法 5。

調味料

高鮮 ...1t
鹽 ...1/2t
胡椒粉 ...1t
香油 ...1t
太白粉 ...1T

作法

❶ 馬鈴薯洗淨，去皮切片，入蒸鍋蒸熟（圖 1），取出壓成泥備用。

❷ 豆包入油鍋炸成金黃色取出（圖 2），與 30g 素火腿剁成細末（圖 3）。

❸ 荸薺煮熟撈出，冷卻後剁細末備用。

❹ 火腿 50g、胡蘿蔔切細絲，雞蛋煎成蛋皮後切細絲（圖 4）。

❺ 馬鈴薯泥加入火腿末、香菇末、胡蘿蔔末、玉米粒、荸薺末（圖 5），再加入調味料及白飯拌勻（圖 6、7）。

❻ 將馬鈴薯泥擠成丸狀，裹上三絲（圖 8），做成繡球，移入蒸鍋大火蒸 3 分鐘。

❼ 繡球取出擺盤，淋上蟹黃即可。

芝麻蜜汁嫩肉捲

材料	調味料 A	調味料 B	調味料 C
里肌肉 ...300g	鹽 ...1/2t	糖 ...50g	柴魚片 ...60g
芋頭 ...100g	雞粉 ...1/2t		糖 ...150g
白芝麻 ...10g	白胡椒粉 ...1/4t		麥芽糖 ...150g
洋蔥絲 ... 少許	酒 ...1t		醬油 ...3T
彩椒絲 ... 少許	太白粉 ...1T		水 ...2 杯
太白粉 ... 適量			

作法

❶ 里肌肉切成片狀，醃入調味料 A 備用（圖 1）。

❷ 芋頭洗淨，去皮切條狀（圖 2），醃入少許糖後，入油鍋炸成金黃色撈出（圖 3），備用。

❸ 將調味料 C 燒開做成蜜汁醬（圖 4、5）；白芝麻炒香備用。

❹ 取一里肌肉片，放上二條芋頭（圖 6），捲緊後沾太白粉，入油鍋炸熟後撈出（圖 7）。

❺ 取少許蜜汁醬加入里肌肉捲，在鍋中拌勻（圖 8）。

❻ 將里肌肉捲盛盤，撒上白芝麻、洋蔥絲、彩椒絲點綴即可。

海鮮 44 蘆筍珍珠蝦手卷

材料

白米 ...2 杯
青蘆筍 ...6 支
廣東 A 菜 ...4 葉
苜蓿芽 ...80g
白秋蝦 ...6 尾
花生粉 ...60g
柴魚絲 ...30g
沙拉醬 ...100g
燒海苔 ...3 張

調味料

糖 ...2T
鹽 ...1/8t
白醋 ...2T

作法

❶ 將調味料拌成壽司醋備用（圖 1）。
❷ 白米煮熟，拌入壽司醋成壽司飯（圖 2）。
❸ 白秋蝦串入牙籤，入水鍋煮熟後，取出牙籤去殼（圖 3），用礦泉水洗過；煮熟青蘆筍備用。
❹ 取一張廣東葉，放上苜蓿芽、青蘆筍、蝦子，再放上白醋飯（圖 4）。
❺ 取半張燒海苔，將作法 4 放入，擠上少許沙拉醬（圖 5），放上花生粉（圖 6）、柴魚絲後（圖 7），由外圍慢慢捲緊（圖 8）。
❻ 將珍珠蝦手卷放入捲筒架即可。

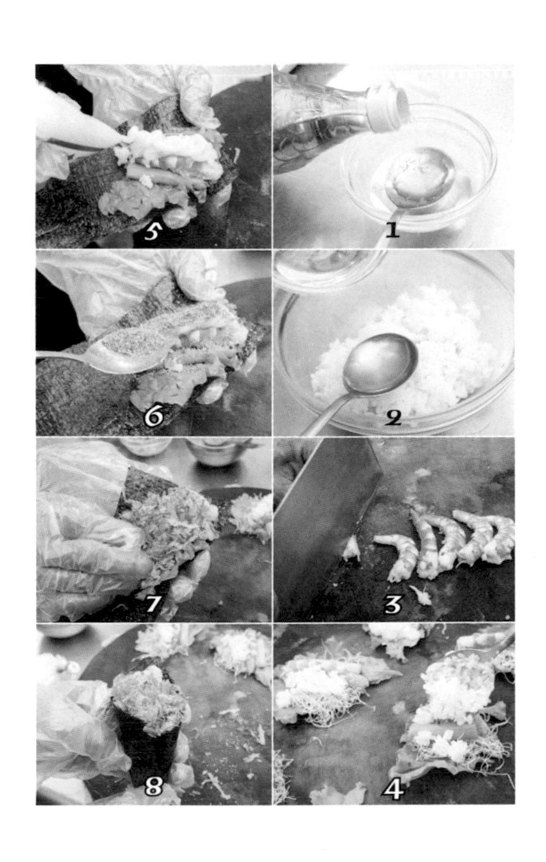

海鮮 45

珍珠枸杞鮮奶蟳

材料

白米米飯 ...300g
鮮奶 ...2 杯
雞蛋白 ...3 顆
玉米粉 ...1T
玉米粒 ...1 杯
紅、黃甜椒 ... 各半顆
火腿末 ... 半杯
鮮香菇 ...5 朵
鮮蟳腿肉 ...250g
蔥花 ... 半杯
四季豆 ...50g

調味料

糖 ...1t
高鮮 ...1/2t
雞粉 ...1t
胡椒粉 ...1/2t
鹽 ...1/2t
香油 1t

作法

❶ 香菇、紅黃甜椒切丁，四季豆切片（圖 1），鮮蟳腿肉切末（圖 2），火腿切細末，備用。

❷ 將香菇、紅黃甜椒、四季豆、鮮蟳腿肉燙熟撈出備用（圖 3、4）。

❸ 雞蛋白、鮮奶、玉米粉及調味料打散均勻（圖 5、6），加入燙熟之材料拌勻（圖 7）。

❹ 炒鍋洗淨擦乾，熱鍋後加入 3T 油，再加入作法3，小火拌炒至熟(圖8)。

❺ 白飯沾太白粉，入水鍋煮熟撈出盛盤（圖 9），將作法 4 淋上，撒上火腿末及蔥花即可。

主食 46 櫻蝦韭菜花米糕

材料

糯米 ...600g	櫻花蝦 ...40g
韭菜花 ...5 支	肉絲 ...100g
香菇 ...5 朵	薑末 ...30g
辣椒末 ...1T	

調味料 A

胡麻油 ...2T
醬油 ...1T
胡椒粉 ...1t
糖 ...1t
鹽 ...1t
香油 ...1t
米酒 ...1T

調味料 B

胡椒粉 ... 少許

作法

❶ 糯米洗淨泡水 1 小時，再用熱水川燙 1 分鐘，移入蒸鍋，水滾大火蒸 18 分鐘取出（圖 1）。
❷ 豬肉、香菇切絲備用。
❸ 韭菜花切粒狀（圖 2）；櫻花蝦入油鍋，炸成金黃色撈出備用（圖 3）。
❹ 胡麻油爆香薑末，香菇入鍋炒香，續入肉絲（圖 4），炒熟後再入調味料 A 炒開（圖 5），最後加入糯米拌勻取出（圖 6）。
❺ 紅辣椒末爆香後，加入韭菜花炒香，續入櫻花蝦及少許胡椒粉拌炒均勻（圖 7）。
❻ 將作法 5 取出，撒於米糕上即可（圖 8）。

鐵板沙茶嫩豆腐

材料

蛋豆腐 ...1 盒
里肌肉 ...80g
鮮香菇 ...6 朵
胡蘿蔔 ...30g
甜豆 ...30g
蔥 ...1 支
薑 ...30g
蒜 ...30g
紅辣椒 ...1 支

調味料 A

胡椒粉 ...1/2t
鹽 ...1/2t
太白粉 ...1t
米酒 ...1t
香油 ...1t

調味料 B

沙茶 ...2T
蠔油 ...2T
酒 ...1T
糖 ...1t
雞粉 ...1t

作法

❶ 豆腐切丁（圖 1），胡蘿蔔、甜豆、蔥、薑、蒜頭、紅辣椒、香菇切斜丁備用（圖 2）。
❷ 里肌肉切小丁，醃入少許調味料 A 後拌勻（圖 3），入水鍋燙熟後撈出備用（圖 4）。
❸ 甜豆入油鍋炸熟撈出（圖 5）；豆腐丁入油鍋炸成金黃色後撈出（圖 6）。
❹ 將調味料 B 調開備用（圖 7）。
❺ 辛香料爆香後，加入調味料，再加入其餘材料拌勻即可（圖 8）。

鐵板彩椒溜雞柳

調味料 A

胡椒粉 ...1/4t
鹽 ...1/4t
米酒 ...1t
香油 ...1t
沙拉油 ...1T
太白粉 ...1T

調味料 B

黑胡椒 ...1T
蠔油 ...1T
辣豆瓣醬 ...1T
醬油 ...1t
酒 ...1T
糖 ...1t
雞粉 ...1t
烏醋 ...1t
香油 ...1t

材料

雞胸清肉 ...1 副
紅黃甜椒 ...1/4 顆
青椒 ...1/4 顆
柳松菇 ...1/3 罐
蔥 ...1 支
蒜 ...30g
辣椒 ...1 支
奶油 ...60g
洋蔥 ...1/4 顆

作法

❶ 雞胸肉切條狀，加入調味料 A 拌勻（圖 1），入水鍋燙熟後撈出備用（圖 2）。

❷ 洋蔥、紅黃甜椒、青椒切條狀後，入油鍋過油撈出（圖 3、4）。

❸ 蔥切菱形段，辣椒切菱形片，蒜頭切片備用。

❹ 調味料 B 調開備用（圖 5）。

❺ 將鍋子加入奶油預熱，續入蔥、蒜頭、辣椒爆香（圖 6），加入作法 3（圖 7），最後加入其餘材料大火炒開均勻即可（圖 8）。

水晶涼皮五彩捲

材料

水晶皮 ...3 張
燒海苔 ...1 張
小黃瓜 ...半條
胡蘿蔔 ...1/5 條
美生菜 ...3 葉
火腿 ...1/4 條
苜蓿芽 ...60g
肉鬆 ...60g

調味料

沙拉醬 ...1 包

作法

❶ 火腿、胡蘿蔔、小黃瓜切條狀(圖1、2),入水鍋燙熟後撈出備用(圖3)。
❷ 燒海苔一開八,美生菜切絲,備用。
❸ 砧板鋪一張保鮮膜,依序放上一張水晶皮、燒海苔、美生菜(圖4、5),擠上沙拉醬,放上肉鬆、苜蓿芽(圖6),捲緊。
❹ 將五彩捲切斜段,擺盤即可。

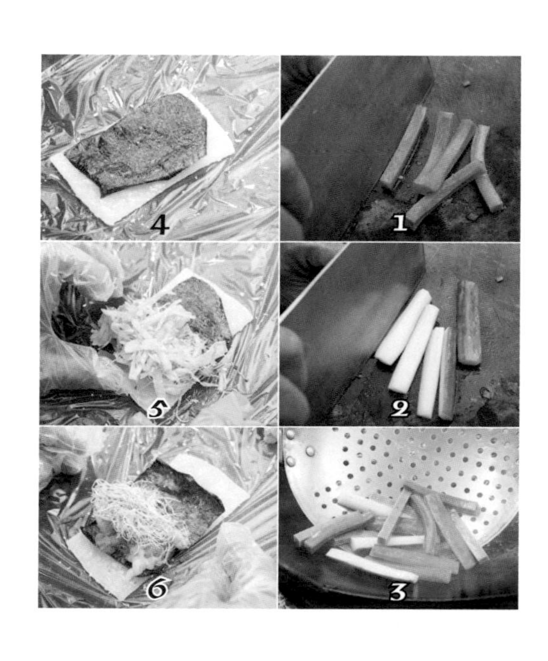

蔬果
50
蘿蔓彩椒珍珠盞

材料

蘿蔓 ...6 葉
白米 ...1 杯
火腿 ...80g
紅、黃甜椒 ... 各 1/4 顆
荸薺 ...8 顆
胡蘿蔔 ...60g
甜豆 ...30g
太白粉 ...60g
油條 ...1 條
鮮蘭花 ...1 支

調味料

糖 ...1t
鹽 ...1/2t
香油 ...1t
雞粉 ...1t
胡椒粉 ...1/2t

作法

❶ 蘿蔓洗淨，切成長圓型（圖 1），再用礦泉水洗過備用。

❷ 火腿、紅黃甜椒、胡蘿蔔切末，荸薺、甜豆切小粒（圖 2、3），入水鍋川燙熟後撈出（圖 4）；油條切小粒備用。

❸ 白飯沾太白粉（圖 5），入油鍋炸熟撈出（圖 6）。

❹ 將調味料拌勻（圖 7）。起油鍋，加入作法 2 及調味料炒勻（圖 8）。

❺ 取一葉蘿蔓放上少許油條，再放上作法 4，以鮮蘭花裝飾即可。

肉類 - 豬肉

51

翡翠芙蓉珍珠球

材料

豬絞肉 ...150g
蝦仁 ...150g
荸薺 ...100g
薑末 ...30g
香菇 ...30g
胡蘿蔔 ...20g
蝦米 ...30g
白米 ...600g

翡翠：

青江菜 ...4 顆

芙蓉

雞蛋 ...4 顆
水 ...3 杯
雞粉 ...1t
鹽 ...1t
太白粉水 ...1T

調味料

雞粉 ...1t
高鮮 ...1/2t
香油 ...1t
太白粉水 ...1t

作法

❶ 白米洗淨，泡水 1 小時後濾乾備用（圖 1）。

❷ 青江菜洗淨，加入鹽醃製（圖 2），再將鹽分洗淨，去掉水分，剁成細末備用（圖 3）。

❸ 蝦仁洗淨，去掉腸泥，擦乾水分，剁成蝦泥（圖 4）；豬絞肉剁成泥備用。

❹ 荸薺、薑、香菇、胡蘿蔔、蝦米泡水後剁成末，再加入蝦仁泥、絞肉泥及調味料拌勻（圖 5），做成餡料。

❺ 將餡料捏成球狀後沾白米（圖 6、7），移入蒸鍋，大火蒸 12 分鐘。

❻ 芙蓉製作：雞蛋打勻備用；起鍋，水加入雞粉、鹽燒開後，再加入雞蛋、太白粉水勾薄芡，待冷後過篩倒入羹盤，蓋上保鮮膜，移入蒸鍋中火蒸 15 分鐘。

❼ 將芙蓉蛋自蒸鍋取出，淋上翡翠後（圖 8），擺上珍珠蝦球，上層再淋上少許翡翠即可（圖 9）。

海鮮 52

上湯鮑魚扒玉環

材料

鮑魚（貴妃鮑）...8 片
大黃瓜 ...2 條
花枝漿 ...300g
香菇 ...3 朵
胡蘿蔔 ...50g
蔥 ...30g
火腿 ...30g
荸薺 ...3 顆
太白粉 ... 適量

調味料 A

胡椒粉 ...1t
雞粉 ...1t
香油 ...1t
鹽 ...1/2t
糖 ...1t

調味料 B

水 ...1 杯
鹽 ...1/4t
雞粉 ...1/4t
太白粉水 ...1t

作法

❶ 香菇泡軟後擠乾水分，剁成細末（圖 1）；鮑魚切片備用（圖 2）。
❷ 胡蘿蔔、火腿切成細末，蔥切成蔥花，備用。
❸ 荸薺剁成細末，壓乾水分，備用。
❹ 大黃瓜選中型，去皮切每段切 4 公分，取 6 段，中間去仔挖空備用（圖 3）。
❺ 花枝漿、蔥花、香菇末、胡蘿蔔末、荸薺末、火腿末加入調味料 A 拌勻（圖 4），做成餡料。
❻ 大黃瓜玉環川燙後（圖 5），取出擦乾。
❼ 玉環周圍抹太白粉（圖 6），鮑魚片圍邊放入（圖 7），再將餡料擠成丸狀放入（圖 8），移入蒸鍋大火蒸 6 分鐘取出。
❽ 將水加入鹽、雞粉燒開後，再入太白粉水勾薄芡。
❾ 盛盤，淋上透明芡汁即可。

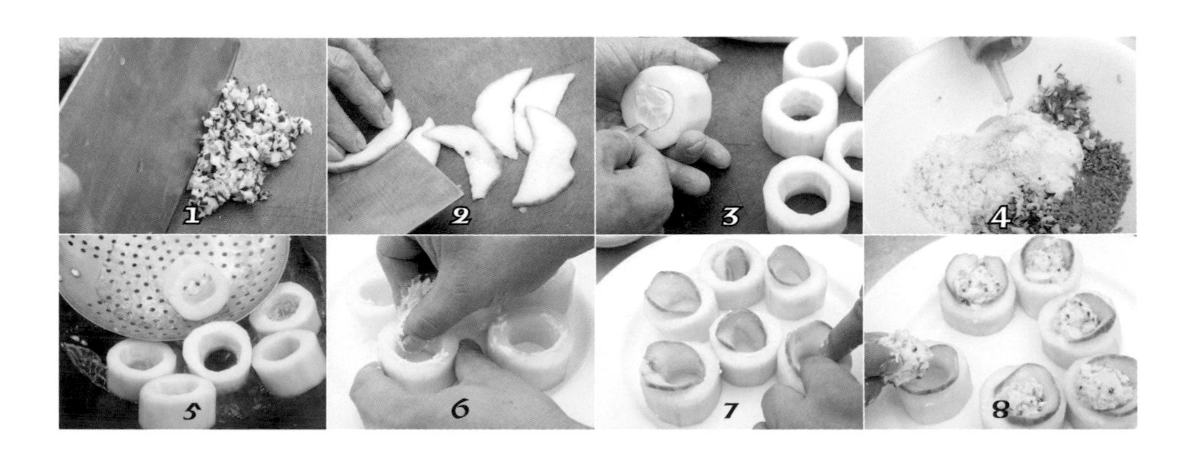

焦香嫩滑培根捲

材料

培根 ...6 片
金茸菇 1 包 ...150g
馬鈴薯 ...1 顆
鐵串 ...4 支

調味料

糖 ...2T
水 ...3T
韓式辣椒醬 ...1T
太白粉水 ... 少許

作法

❶ 取 1 片培根，斜對切一開二備用（圖 1）。

❷ 金茸菇洗淨切掉根部，用培根捲起（圖 2），再用鐵串串起，放於鐵鍋上（圖 3），中大火 5 分鐘即可（圖 4）。（或移入烤箱，上下火各 160 度，5 分鐘）

❸ 將調味料燒開成醬汁備用（圖 5）。

❹ 馬鈴薯洗淨，去皮切片（圖 6），用清水洗過（圖 7），入油鍋炸成金黃色撈出（圖 8）。

❺ 將馬鈴薯片鋪底，放上培根捲，再淋上醬汁即可。

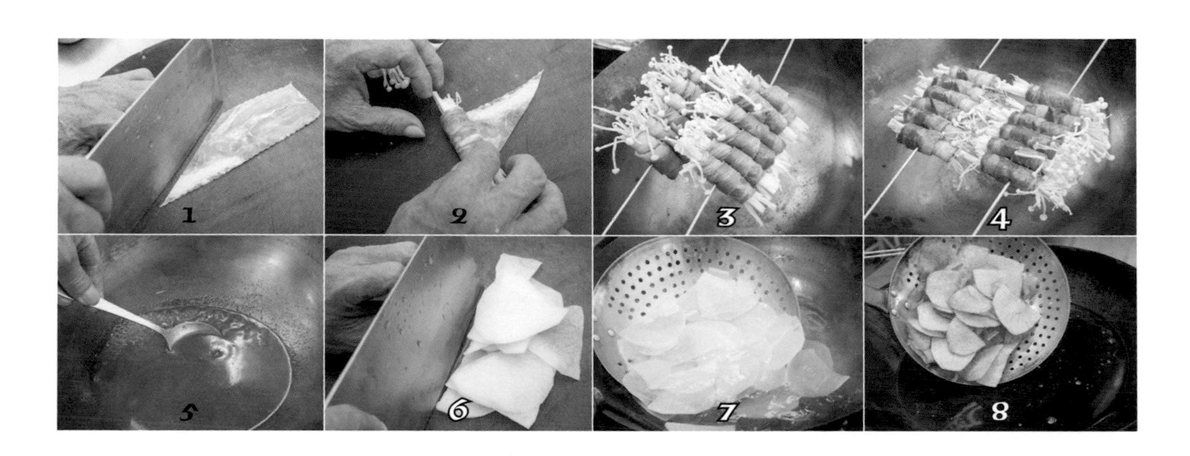

蔬果
54
芒果金桔山藥泥

材料

芒果 ... 半顆
小紅莓 ...6 顆
山藥 ...300g

調味料

糖 ...1/4T
蜂蜜 ...5cc
金桔醬 ...10cc

作法

❶ 芒果去皮，取果肉放入果汁機打成泥，加入糖和蜂蜜拌勻成醬汁備用（圖 1）。

❷ 將山藥去皮切片，入蒸鍋蒸 30 分鐘（圖 2），取出打成泥狀，再搓成丸狀，放入杯裡（圖 3）。

❸ 淋上芒果泥及金桔醬（圖 4、5），再放上小紅莓即可（圖 6）。

點心 55 梅香冰心鮮芋角

材料

芋頭 ...1 顆
話梅 ...3 顆
水 ...1200cc

調味料

砂糖 ...300g

作法

❶ 芋頭削皮洗淨，切菱角形備用（圖 1）。

❷ 起鍋，放入水、話梅及砂糖（圖 2），煮開轉小火，再放入芋頭角（圖 3），調汁滾後轉小火煮 20 分鐘至收汁（圖 4）。

❸ 撈起，放入冰箱冷凍 1 小時後，取出擺盤即可（圖 5）。

肉類 - 豬肉 56

御制蒜香琵琶骨

材料

琵琶骨 ...6 支
蒜末 ...80g
雞蛋 ...1 粒
香菜 ... 少許

調味料

雞粉 ...1t
木瓜粉 ...1/2t
五香粉 ...3g
冰糖 ...10g

作法

❶ 蒜頭去皮剁成末備用（圖 1）。

❷ 蒜末入油鍋，小火炸成金黃色（圖 2），取出放涼。

❸ 琵琶骨洗淨，加入調味料和雞蛋，醃約 20 分鐘後移入蒸鍋，大火蒸 20 分鐘取出（圖 3）。

❹ 起油鍋，將琵琶骨炸酥撈出（圖 4）。

❺ 盛盤，撒上蒜酥、香菜點綴即可。

柚香又脆鮮蔬果

材料

胡蘿蔔 ... 半條
白蘿蔔 ... 半條
冬瓜 ...200g
南瓜 ...1/4 顆

調味料

白醋 ...3T
鹽 ...1t
白糖 ...6T
柚子粉 ...2g

柚子粉

作法

❶ 胡蘿蔔、白蘿蔔、冬瓜、南瓜切菱形塊備用（圖 1 ～ 4）。
❷ 取一玻璃盅，將調味料加入調勻(圖5)。
❸ 取另一玻璃盅，放人南瓜、胡蘿蔔、白蘿蔔、冬瓜及調味料拌勻(圖6、7)。
❹ 將食材用包鮮膜封住（圖 8），移入冰箱冷藏 1 小時即可食用（圖 9）。（冷藏一天口感更脆）

異國風味泰式捲

材料

美生菜 ... 半顆	泰式米粉 ...150g
泰式冷捲皮 ...6 張	薄荷葉 ...12 葉
雞胸清肉 ... 半副	胡蘿蔔絲 ...50g

泰式冷捲皮

調味料 A

糖 ...1t
鹽 ...1/4t
胡椒粉 ...1/4t
香油 ...1t
太白粉 ...1t

調味料 B

泰式雞醬 ...150g
海鮮醬 ...80g

作法

❶ 美生菜洗淨切絲後，用礦泉水洗過，再泡冰水備用（圖 1）。
❷ 泰式米粉切段後，用熱水川燙撈出，再泡礦泉水備用（圖 2）。
❸ 胡蘿蔔切絲川燙備用。
❹ 雞胸肉切成六片後（圖 3），醃入調味料 A 拌勻（圖 4），再入水鍋燙熟後撈出備用。
❺ 冷捲皮泡礦泉水後取出一張（圖 5），放上 2 片薄荷葉、雞胸肉、胡蘿蔔絲、美生菜、泰式米粉（圖 6、7），薄荷葉朝上捲緊（圖 8）。
❻ 盛盤，將調味料 B 調勻成醬汁劃盤即可。

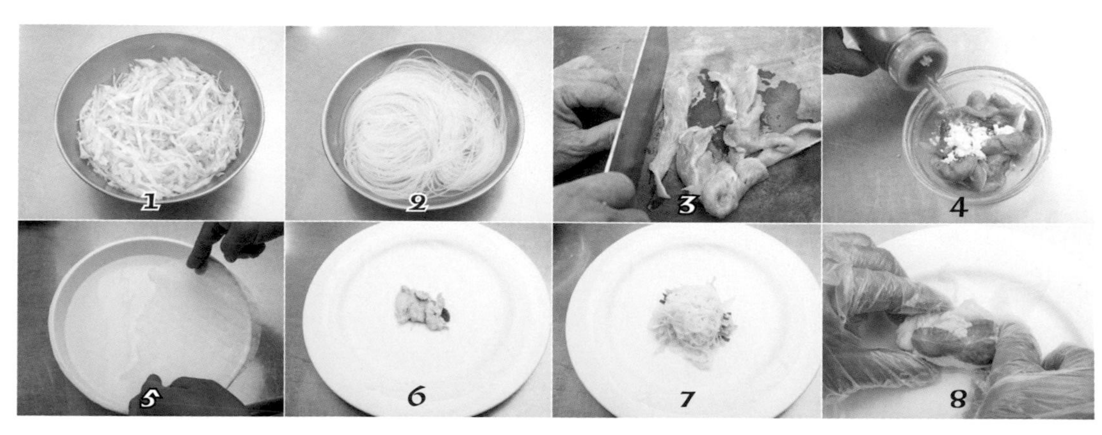

珊瑚酒螺燉雞湯

材料	調味料 A	調味料 B	調味料 C
竹笙 ...20g	白醋 ...1t	雞粉 ...1t	雞粉 ...1t
海螺 ...1 罐	鹽 ...1t	鹽 ...1/4t	米酒 ...1t
去骨雞腿 ...2 支		酒 ...1t	水 ...5 杯
		香油 ...1t	
		太白粉 ...1t	

作法

❶ 竹笙洗淨切 3 公分段（圖 1），入水鍋加入調味料 A 川燙（圖 2），撈出洗淨備用。

❷ 海螺肉切片備用（圖 3）。

❸ 雞腿去骨後剁塊（圖 4），加入調味料 B 拌均勻（圖 5），雞腿入水鍋，川燙後撈出洗淨備用（圖 6）。

❹ 取一湯盅，將所有食材、調味料 C 加入，入蒸鍋大火蒸一小時後取出即可。

海鮮
60
銀芽雞絲拌蜇絲

材料

豆芽菜 ...80g
雞胸肉 ...100g
海蜇絲 ...300g
小黃瓜 ... 半條
胡蘿蔔絲 ...50g

調味料 A

鹽 ... 少許
胡椒粉 ... 少許
太白粉 ...1t

調味料 B

鹽 ...1/2t
雞粉 ...1/2t
香油 ... 少許
糖 ...1/4t
白醋 ...1T

作法

❶ 豆芽菜洗淨去頭尾（圖 1），小黃瓜、胡蘿蔔切絲備用（圖 2、3）。
❷ 雞胸切絲（圖 4），加入調味料 A 拌勻後，入水鍋燙熟後撈出備用（圖 5）。
❸ 海蜇絲洗淨後泡溫水（圖 6），待捲起後撈出，再泡入冰水冰鎮備用（圖 7）。
❹ 銀芽、胡蘿蔔絲、小黃瓜絲入水鍋川燙後撈出（圖 8），再泡入冰水。
❺ 將所有材料放入透明盅內，加入調味料 B 拌均勻即可（圖 9）。

海鮮 61 蘋果沙拉吐司蝦

材料

蘋果 ... 半顆
蝦 ...6 隻
吐司 ...6 片
水蓮 ...80g
沙拉醬 ...1 包

脆酥粉漿

脆酥粉 ...1 杯
水 ... 半杯
沙拉油 ...1/4 杯

調味料

胡椒粉 ...1/4t
鹽 ...1/4t
米酒 ...1/4t
太白粉 ...1/4t

作法

❶ 蝦去殼劃刀，腹筋切斷（圖 1），加入調味料拌勻（圖 2）。

❷ 吐司片切掉邊緣外皮，再對切一開二備用（圖 3）。

❸ 水蓮入水鍋川燙後（圖 4），撈出泡冷水備用。

❹ 將 6 片吐司放上蝦子、吐司邊（圖 5），捲起，再用水蓮綁緊（圖 6）。

❺ 將酥脆粉、水、沙拉油拌勻成脆酥粉漿備用。

❻ 吐司蝦捲沾脆酥粉漿，入油鍋炸至金黃色，撈出濾油（圖 7）。

❼ 盛盤，擠上沙拉醬後，蘋果切片擺上即可。

開胃黃瓜拼臘肉

材料

酸黃瓜 ...3 條
臘肉 ...300g
芒果醬汁 ... 適量

調味料

鹽 ...1t
白醋 ...1t
白糖 ...1t

作法

❶ 小黃瓜洗淨後切圓片（圖 1），加入鹽醃製（圖 2），洗淨鹽分後，再用礦泉水洗過擦乾，加入白醋、白糖拌勻備用（圖 3）。

❷ 臘肉洗淨，用鐵鍋煎 2 分鐘至雙面焦熟味即可（圖 4）。（也可入烤箱上下火各 120 度，烤 3 分鐘）

❸ 將臘肉切片盛盤（圖 5），放上小黃瓜，淋上芒果醬汁即可。

※ 芒果醬汁製作請參照第 111 頁【芒果金桔山藥泥】的作法 1。

肉類-豬肉

63 回味避風糖炒肉

材料

里肌肉 ...600g
油蔥酥 ...100g
蒜頭 ...100g
乾辣椒 ...3 支
地瓜粉 ...150g
香菜 ...2 根

調味料 A

鹽 ... 少許
雞粉 ...1t
胡椒粉 ... 少許
米酒 ...30cc
香油 ... 少許
太白粉 ... 少許

調味料 B

鹽 ... 少許
胡椒粉 ... 少許
糖 ...2t
雞粉 ...1t

作法

❶ 乾辣椒切段備用（圖 1）。
❷ 里肌肉切 1 公分四方丁（圖 2），加入調味料 A 拌勻（圖 3）。
❸ 肉丁沾地瓜粉（圖 4），入油鍋炸成金黃色撈出。
❹ 蒜頭取 30g 切片（圖 5），入油鍋炸成金黃色撈出切末（圖 6）。
❺ 蒜末炸成蒜酥後，加入乾辣椒炒香，再入肉丁續炒，最後加入調味料 B 炒拌均勻（圖 7）。
❻ 盛盤，香菜裝飾即可。

蜜汁照燒小雞翅

材料

二節翅 ...6 隻
絞肉 ...100g
胡蘿蔔 ...30g
香菇 ...30g
太白粉 ... 適量

調味料 A

雞粉 ...1/2t
鹽 ...1/2t
香油 ... 少許
米酒 ...1t
太白粉 ...1T

調味料 B

雞粉 ...1/2t
糖 ...1/2t
胡椒粉 ...1/2t
醬油 ...1t
香油 ...1t
米酒 ...1t
太白粉 ...1t

調味料 C

蜜汁醬：
糖 ...2T
醬油 ...1T
水 ... 半杯

作法

❶ 胡蘿蔔切末，香菇泡軟切細末，二節翅去掉中間骨頭備用（圖 1）。

❷ 絞肉剁細，加入胡蘿蔔末、香菇末及調味料 A（圖 2），攪拌均勻成餡料備用。

❸ 將雞粉、糖、胡椒粉、醬油、香油、米酒調勻（圖 3）。

❹ 二節翅加入作法 3 及太白粉 1t 稍醃製（圖 4），再鑲入餡料、沾上太白粉（圖 5、6）。

❺ 起油鍋，將二節翅炸至酥撈起（圖 7）。

❻ 另起鍋，放入蜜汁醬及雞翅，燒至稠狀即可盛盤（圖 8）。

水果芝士春捲

材料

春捲皮 ...6 張
蘋果 ... 半顆
水蜜桃 ...2 顆
哈密瓜 ... 半顆
起司 ...60g
沙拉醬 ... 半條
麵粉、水適量 ... 比例 1：1

作法

❶ 水蜜桃切丁（圖 1）；小黃瓜切丁（圖 2），擦乾水分備用。
❷ 蘋果去皮切丁（圖 3），泡入鹽水洗過撈出備用（圖 4）。
❸ 取一玻璃盅，放入水蜜桃丁、小黃瓜丁、蘋果丁，擠上沙拉醬拌勻（圖 5）。
❹ 麵粉、水攪拌均勻備用。
❺ 取一張春捲皮，放上作法 3，撒上起司條（圖 6），捲緊，用麵粉水糊口（圖 7）。
❻ 入油鍋，炸成金黃色撈出（圖 8），濾乾油份即可盛盤。
※ 可用當季任三種水果。

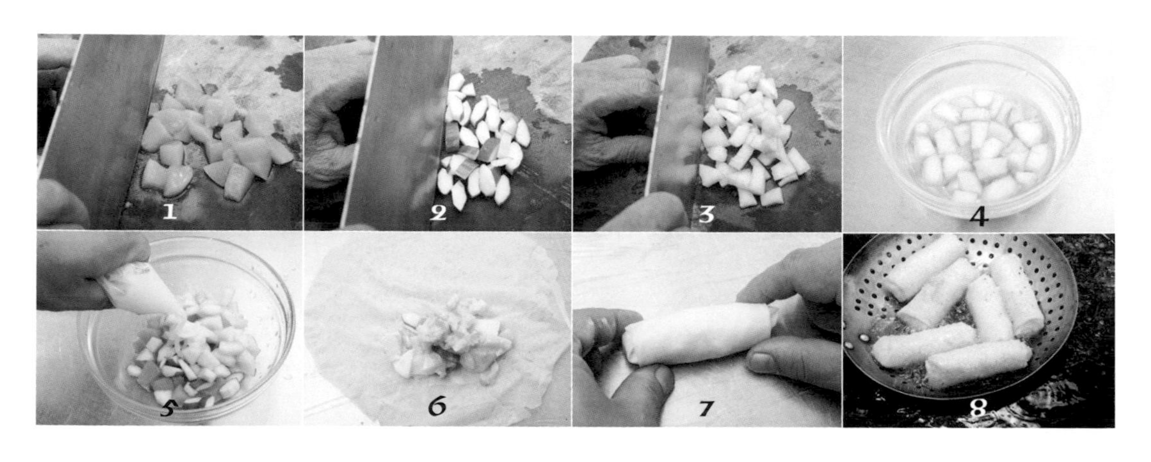

肉類 - 雞肉

66

薑絲麵線麻油雞

材料

去骨雞腿肉 ...3 隻
麵線 ...1 包
薑絲 ...50g

調味料 A

胡麻油 ...1T

調味料 B

酒 ...4T
鹽 ...1/4t
糖 ...1/4t
水 ...150cc

作法

❶ 麵線入水鍋煮熟後（圖 1），撈出泡冷開水備用。
❷ 幼薑切細絲（圖 2），用清水洗過備用。
❸ 雞腿肉洗淨，去骨後剁大塊備用（圖 3）。
❹ 胡麻油炒香薑絲後撈起（圖 4），雞腿肉加入調味料 B 煮熟（圖 5）。
❺ 將雞腿肉擺盤，麵線用筷子捲起成球狀放上（圖 6），最後放上薑絲，淋上湯汁即可（圖 7）。

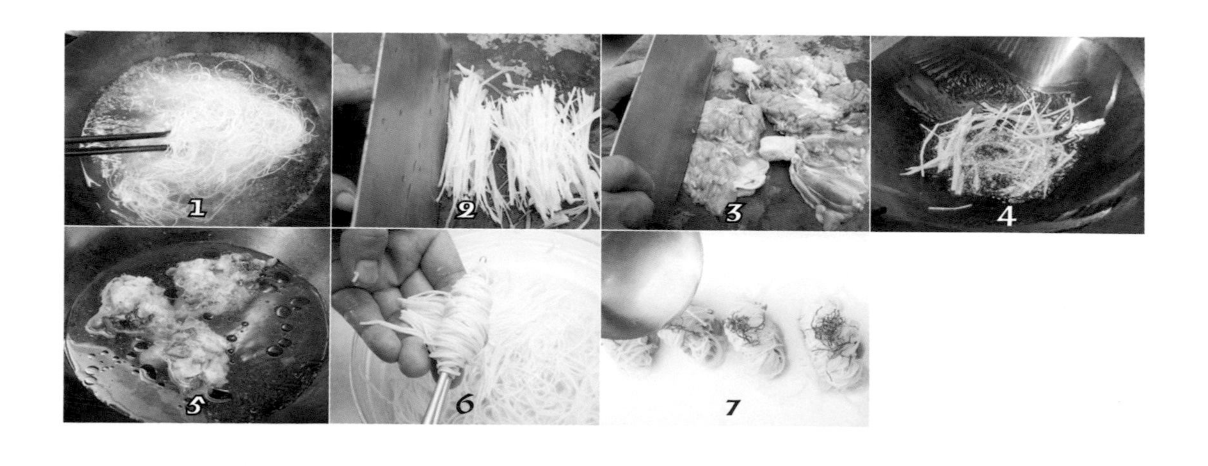

海鮮
67
蒜味粄條蒸鮮蝦

材料

草蝦 ...6 尾
粄條 ...200g
蒜末 ...50g
青蔥 ...1 支

調味料 A

醬油膏 ...1T
黑胡椒粒 ...1t
雞粉 ...1/4t
辣豆瓣醬 ...1/2t

調味料 B

香油 ...1T
蒜油 ...1t

作法

❶ 草蝦洗淨，去掉頭鬚（圖 1），背部劃開（圖 2），去掉腸泥洗淨備用。
❷ 取一調味盅，放入蒜末（圖 3），加入調味料 A 攪拌均勻（圖 4）。
❸ 將粄條川燙至熟撈起，拌上作法 2，粄條置底，草蝦擺上，剩下餘汁淋上（圖 5）。
❹ 移入蒸鍋（圖 6），大火蒸 12 分鐘取出，淋上香油及蒜油，撒上蔥絲即可。

蔬果 68 冰心桂花南瓜盤

材料

綠皮南瓜 ...1 顆
紅棗 ...100g
枸杞 ...30g
薑末 ... 少許
水 ...300cc

調味料

冰糖 ...1T
蜂蜜 ...1T
桂花醬 ...1t
米酒 ...1T

作法

❶ 南瓜洗淨切大塊（圖 1），再改刀切菱形塊（圖 2）。

❷ 紅棗洗淨，泡入熱水稍煮。

❸ 起鍋，入調味料，加水燒開，以薑末爆香，續入紅棗、南瓜塊（圖 3、圖 4），稍煮入味後加入枸杞拌煮即可（圖 5）。

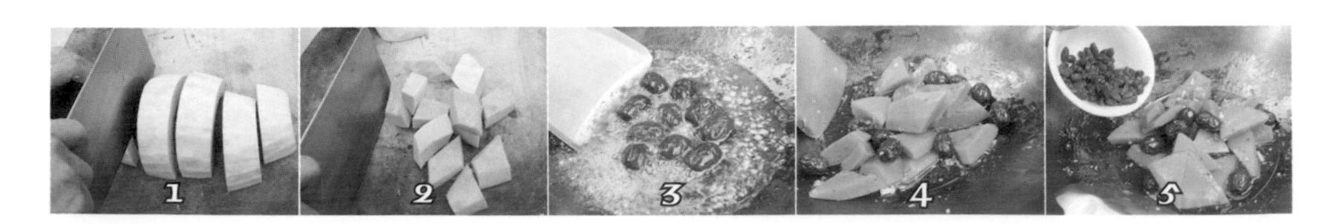

點心 69

義大利麵洋芋串

材料

義大利麵 ...12 條
馬鈴薯 ...2 顆

調味料

雞汁醬 ...100cc
胡椒粉 ...1t

作法

❶ 馬鈴薯洗淨去皮，用削片機削成片，約 5 圈再切斷（圖 1）。

❷ 用鹽水稍洗過（防止變黑），再用義大利麵條串入（圖 2），大約串入 10 串即可。

❸ 入油鍋，炸時需要翻動（圖 3），炸成金黃色取出（需炸酥才可撈出）。

❹ 盛盤，雞汁醬劃盤，灑上胡椒粉即可。

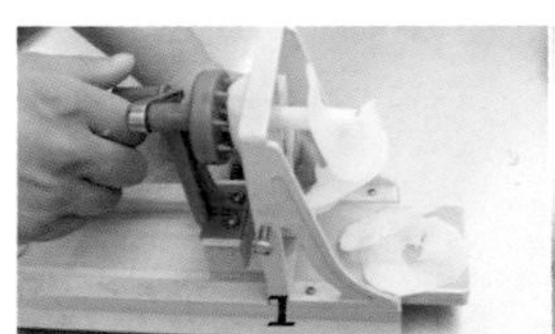

1

2

3

海鮮 70

金沙芝士大蝦盤

材料

大蝦 ...6 尾
鹹蛋黃 ...6 粒
起司絲 ...80g

調味料

鹽 ...1/4t
白糖 ...1t
雞粉 ...1t

作法

❶ 大蝦開背去沙筋洗淨，下油鍋炸至熟撈起備用（圖 1）。
❷ 鹹蛋黃用烤箱烤至香氣出來，剁成末備用（圖 2）。
❸ 取一調味盅，放入調味料拌勻（圖 3）。
❹ 熱鍋加入少許油，將鹹蛋黃下鍋炒至起泡（圖 4），加入作法 3 及大蝦拌炒後撈起（圖 5）。
❺ 排盤，撒上起司絲，用瓦斯槍噴至金黃色即可（圖 6）。（也可用烤箱大火烤）

醬爆乾燒魷魚圈

材料

大抽魷魚 ...2 尾
薄荷葉 ... 少許

調味料

薑末 ... 少許
甜麵醬 ...1T
醬色 ... 少許
糖 ...1/2t
鹽 ... 少許
水 ...100cc

作法

❶ 大抽魷魚洗淨，魷魚邊扁切塊再切條狀（圖 1），魷魚身切圈狀（圖 2）。

❷ 將魷魚入水鍋燙熟後撈出（圖 3、4）。

❸ 起鍋，加入調味料調成醬汁燒開（圖 5），續入大抽魷魚，下鍋拌炒至收汁（圖 6）。

❹ 擺盤，放上薄荷葉裝飾即可。

雞醬清炒鮮玉片

材料

南魷 ... 半尾
紅甜椒 ...1/4 粒
黃甜椒 ...1/4 粒
青椒 ...1/4 粒
青蔥 ...1 支

調味料

泰式甜雞醬 ...60g
雞粉 ...1/2t
糖 ...1/2t
酒 ...1t
鹽 ... 少許
香油 ...1t
水 ...3T

作法

❶ 南魷魚腳切條狀（圖 1），身體切薄片備用（圖 2）。
❷ 紅黃甜椒、青椒切長薄片，備用。
❸ 南魷魚、紅黃甜椒、青椒入水鍋燙熟後撈出（圖 3、4）。
❹ 取一調味盅，加入調味料拌勻（圖 5）。
❺ 起鍋，將調味料燒開（圖 6），放入其餘材料拌勻即可（圖 7）。

蔬果
73
蟹黃扒溜娃娃菜

材料

胡蘿蔔 ...1 條
鹹蛋黃 ...2 顆
蟹腳肉 ...1 盒
娃娃菜 ...6 根
薑末 ...30g
沙拉油 ...2T

調味料 A

雞粉 ...1t
糖 ...1t

調味料 B

雞粉 ...1/4t
糖 ...1/4t
鹽 ...1/4t
水 ...1 杯
太白粉水 ...1/4t

作法

❶ 娃娃菜洗淨頭部，稍切整齊，再修飾成長約 10cm（圖 1）；胡蘿蔔用鐵湯匙刮取胡蘿蔔泥，蟹腳肉切碎備用。

❷ 娃娃菜入水鍋川燙（圖 2），去掉青澀味後撈出，再放入鍋中，加入調味料 A 稍煮入味即可。

❸ 起鍋，放入沙拉油爆香薑末，續入鹹蛋黃末、胡蘿蔔泥及蟹腳肉炒至發泡（圖 3、4）。

❹ 再加入雞粉、糖、鹽、水燒開後，最後加入太白粉水勾薄芡即可（圖 5）。

❺ 將娃娃菜盛盤，淋上作法 3 即可完成。

蓮子白沙荷葉糕

材料

蓮子 ...12 顆
綠豆沙 ...100g
糯米 ...400g
鹹蛋黃 ...1 顆
荷葉 ...2 張
油蔥酥 ...1T

調味料

醬油 ...1½T
雞粉 ...1/4t
胡椒粉 ...1/2t
糖 ...1/2t

作法

❶ 鹹蛋黃一顆切為六份（圖 1）；蓮子川燙備用（圖 2）。
❷ 糯米洗淨，泡水 60 分鐘後撈出（圖 3），川燙 1 分鐘取出，再入蒸鍋用蒸飯巾大火蒸 18 分鐘（圖 4）。
❸ 取一張大荷葉一開六，入水鍋川燙後（圖 5），撈出待冷備用。
❹ 取一調味盅，加入調味料拌勻（圖 6）。
❺ 起油鍋，加入作法 4 燒開（圖 7），再加入糯米飯、油蔥酥拌勻（圖 8）。
❻ 取荷葉放上糯米飯，放上鹹蛋黃、蓮子及綠豆沙捲起（圖 9），入蒸鍋大火蒸 10 分鐘即可（圖 10）。

蠔油豆苗扒雙冬

材料

冬筍 ...300g
香菇 ...12 朵
小豆苗 ...150g

調味料

蠔油 ...2t
烏醋 ...1t
糖 ...1t
雞粉 ...1/2t
胡椒粉 ...1/4t
香油 ...1t
水 ...1 杯

作法

❶ 冬筍切滾刀塊（圖 1）；香菇洗淨一切二，再泡水備用（圖 2）。
❷ 冬筍入水鍋川燙（圖 3），撈出備用。
❸ 豆苗入水鍋川燙（圖 4），撈出備用。
❹ 取一調味盅，加入調味料拌勻（圖 5）。
❺ 作法 4 下鍋燒開後，加入冬筍、香菇小火微燒至收汁（圖 6、7）。
❻ 將豆苗鋪底，放上作法 5 即可。

※ 雙冬指的是冬筍、冬菇（香菇）。

海鮮

76 牡丹培根鱸魚捲

材料

鮮鱸魚 ...1 尾
絞肉 ...100g
培根 ...6 片
胡蘿蔔末 ...30g
青椰菜 ...6 朵
太白粉 ... 適量

調味料 A

雞粉 ...1/2t
胡椒粉 ...1/4t
太白粉 ...1t

調味料 B

雞粉 ...1/2t
鹽 ...1/4t
酒 ...1t
糖 ...1/2t
香油 ...1t
水 ...1 杯

作法

❶ 新鮮鱸魚切掉頭尾，去除中骨，取雙面魚肉切蝴蝶片（圖 1）（又稱雙刀法，一刀不斷一刀斷）。
❷ 魚頭魚尾入水鍋川燙（圖 2），再用清水洗淨，備用。
❸ 絞肉加入雞粉 1/2t、胡椒粉 1/4t、太白粉 1t 拌勻。
❹ 取一片蝴蝶魚片，抹上太白粉，放上一片培根、一小團絞肉（圖 3），將魚片向上捲緊（圖 4），放上胡蘿蔔末（圖 5）。
❺ 魚捲及魚頭魚尾移入蒸鍋（圖 6），大火蒸 6 分鐘後取出。
❻ 花椰菜川燙熟後撈出備用（圖 7）。
❼ 將調味料燒開，加入太白粉水勾薄芡汁。
❽ 魚捲及魚頭魚尾擺盤，花椰菜圍邊，淋上芡汁即可（圖 8）。

蔬果
77
藕斷絲連理不斷

材料	調味料 A	調味料 B	
蓮藕 ...220g	雞粉 ...1t	雞粉 ...1t	鹽 ...1/2t
里肌肉 ...110g	鹽 ... 少許	糖 ...1/2t	水 ...1/3 杯
青椒 ... 半顆	太白粉 ...1t	米酒 ...1t	
香菇 ...3 朵	香油 ...1t	香油 ...1t	

作法

❶ 將蓮藕去皮切片（圖 1），用鹽水泡一下撈出，入水鍋川燙後撈出（圖 2），備用。

❷ 青椒切絲，香菇泡軟後切絲，備用。

❸ 里肌肉切絲（圖 3），加入調味料 A 拌勻（圖 4）。

❹ 起油鍋，將肉絲煮熟撈出（圖 5）；青椒絲過油撈出（圖 6）。

❺ 將調味料 B 調開（圖 7），放入鍋中，加入蓮藕、肉絲、青椒大火快炒一下（圖 8），即可盛盤。

妙齋糖醋素排骨

材料

油條 ...2 條
芋頭 ...1/4 顆
青椒 ...1/4 顆
紅黃甜椒 ... 各 1/4 顆

調味料 A

麵粉 ...3T
脆酥粉 ...1T
水 ...2T

調味料 B

糖 ...1T
蕃茄醬 ...4T
白醋 ...4T
水 ...4T
太白粉水 ...1T

作法

❶ 油條切 3cm 段（圖 1），中間用筷子挖空備用（圖 2）。

❷ 芋頭切 3 公分條狀，紅黃甜椒、青椒切菱形塊，備用。

❸ 芋條、紅黃甜椒、青椒入油鍋，炸熟後撈出（圖 3、4）。

❹ 將調味料 A 調勻成麵糊備用。

❺ 油條包入芋條（圖 5），沾上麵糊，入油鍋稍炸熟後撈出（圖 6）。

❻ 糖、番茄醬、白醋、水調勻入鍋，燒開後加入太白粉水勾薄芡（圖 7），續入其餘材料下鍋拌炒均勻即可（圖 8）。

海鮮 79 韓式滑蛋燴鮮蝦

材料

草蝦 ...6 尾
蛋 ...2 顆
青蔥 ...1 支
地瓜粉 ...2T

調味料

韓式辣醬 ...3T
糖 ...1T
鹽 ...1/4T
水 ...200cc

作法

❶ 草蝦洗淨，剪去頭鬚後再洗淨，撒上地瓜粉裹勻備用（圖 1）。

❷ 草蝦入油鍋，炸成金黃色熟後撈出（圖 2）。

❸ 起鍋，加入調味料煮開後（圖 3），續入草蝦小火微燒（圖 4），淋上蛋液小火燒至收汁（圖 5）。

❹ 盛盤，撒上蔥絲即可。

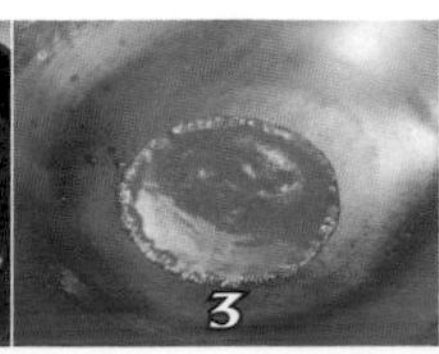

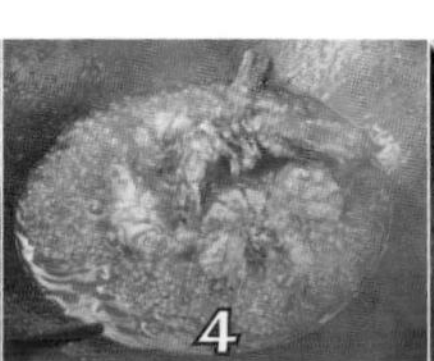

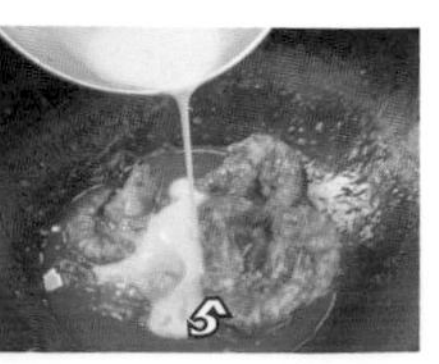

沙拉 80

沙拉果粒鮮蝦塔

材料

草蝦 ...6 尾
馬鈴薯 ...1 顆
胡蘿蔔 ... 半條
綠皮南瓜 ... 半顆
小黃瓜 ... 半條
香菜 ... 少許

調味料

沙拉醬 ... 半條

作法

❶ 胡蘿蔔、馬鈴薯、綠皮南瓜洗淨，去皮切丁（圖 1 ～ 3）；小黃瓜切斜片備用。

❷ 將胡蘿蔔、馬鈴薯、綠皮南瓜入蒸鍋，大火蒸 20 分鐘取出，再加入少許沙拉醬拌勻（圖 4）。

❸ 草蝦去殼開背，滾水川燙 5 分鐘至熟，去殼取肉。

❹ 將成作法 2 做成六顆球狀，放上草蝦，擠上沙拉醬（圖 5），再放上香菜及小黃瓜片裝飾即可。

索引

★ 主食類

★ 肉類－豬肉

★ 肉類－雞肉

★ 豆腐類

★ 海鮮類

★ 菇類

★ 蔬果類

★ 沙拉類

★ 點心類

Cooking 07

在家做星級宴客菜

國家圖書館出版品預行編目 (CIP) 資料

在家做星級宴客菜 / 陳楓洲, 陳國棟, 陳恆潔, 陳琮錤著 . -- 一版 . -- 新北市 : 優品文化事業有限公司, 2021.08 160 面 ; 19x26 公分 . -- (Cooking ; 7)

ISBN 978-986-5481-09-4(平裝)

1. 食譜 2. 烹飪

427.1 110011312

作　者　陳楓洲、陳國棟、陳恆潔、陳琮錤

總 編 輯　薛永年

美術總監　馬慧琪

文字編輯　吳奕萱、蔡欣容

攝　影　光芒商業攝影

出 版 者　優品文化事業有限公司

電話：(02)8521-2523

傳真：(02)8521-6206

Email：8521service@gmail.com（如有任何疑問請聯絡此信箱洽詢）

網站：www.8521book.com.tw

印　刷　鴻嘉彩藝印刷股份有限公司

業務副總　林啟瑞 0988-558-575

總 經 銷　大和書報圖書股份有限公司

新北市新莊區五工五路 2 號

電話：(02)8990-2588

傳真：(02)2299-7900

網路書店　www.books.com.tw 博客來網路書店

出版日期　2021 年 8 月

版　次　一版一刷

定　價　380 元

上優好書網

LINE
官方帳號

Facebook
粉絲專頁

YouTube
頻道